专利申请须知

第六版

国家知识产权局专利局初审及流程管理部　编

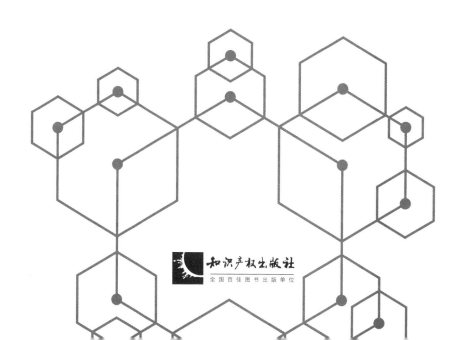

知识产权出版社

全国百佳图书出版单位

图书在版编目（CIP）数据

专利申请须知/国家知识产权局专利局初审及流程管理部编.—6 版.—北京：知识产权出版社，2019.1（2020.6 重印）（2023.2 重印）

ISBN 978 - 7 - 5130 - 6007 - 3

Ⅰ.①专… Ⅱ.①国… Ⅲ.①专利申请—基本知识 Ⅳ.①G306.3

中国版本图书馆 CIP 数据核字（2018）第 289259 号

内容提要

本书根据最新的《专利法》及其实施细则、《专利审查指南 2010》以及相关规定，就申请专利的基础知识、专利的申请、专利电子申请实务、专利费用、专利审批程序中的手续与事务、发明专利初步审查、专利权授予后的相关程序和手续、PCT 国际申请、加快审查程序、香港的专利保护给予了介绍。本书内容集实用性与权威性于一体，是一本非常实用的工具书。

读者对象：专利申请人、专利代理师、法律工作者、科技管理人员

责任编辑：卢海鹰 王瑞璞		责任校对：王 岩	
执行编辑：周 也		责任印制：刘译文	

专利申请须知（第六版）

ZHUANLI SHENQING XUZHI

国家知识产权局专利局初审及流程管理部 编

出版发行： 知识产权出版社 有限责任公司		网 址：http://www.ipph.cn	
社 址：北京市海淀区气象路 50 号院		邮 编：100081	
责编电话：010 - 82000860 转 8122		责编邮箱：zhouye@ cnipr.com	
发行电话：010 - 82000860 转 8101/8102		发行传真：010 - 82000893/82005070/82000270	
印 刷：三河市国英印务有限公司		经 销：新华书店、各大网上书店及相关专业书店	
开 本：850mm×1168mm 1/32		印 张：8.625	
版 次：2019 年 1 月第 6 版		印 次：2023 年 2 月第 3 次印刷	
字 数：215 千字		定 价：38.00 元	

ISBN 978 - 7 - 5130 - 6007 - 3

前　言

（第六版）

党的十九大报告指出，要"倡导创新文化，强化知识产权创造、保护、运用"，对知识产权工作提出了新的更高要求。

为了在新形势下更好地服务于创新主体，帮助专利申请人、专利权人、专利代理师和广大社会公众正确理解《专利法》及其实施细则和有关规定，熟悉专利审批流程，运用好专利制度，国家知识产权局专利局初审及流程管理部对本书有关内容进行了适应性修订。本次修订增加了专利电子申请实务、加快审查程序等新章节，全面优化和充实了专利费用、发明专利初步审查、专利审批程序中的手续与事务等内容，具有较强的实用性与权威性。

在本次修订的过程中，第一章由刘丽君修改，第二章由胡扬、葛莹歆修改，第三章由梁爽撰写，第四章由卢佳撰写，第五章由於毅、丁子剑、张其文、魏欢、刘文雯修改，第六章由杨媛媛、康德地、李炜倩撰写，第七章由丁玮、宋传毅、武云征、鄢波修改，第八章由朱军利、徐涪浩修改，第九章由丁灵、桂林、张瑜伟撰写，第十章由刘巍修改，全书由毛晓鹏、付强统稿。

希望本书的修订能为知识产权创新人员及相关从业者提供更为有益的帮助。

2018 年 12 月

前　言

（第五版）

2008 年 6 月 5 日，国务院发布了《国家知识产权战略纲要》。2009 年 10 月 1 日，作为实施《国家知识产权战略纲要》的重要举措之一，第三次修改后的《专利法》正式开始施行。值此《国家知识产权战略纲要》发布两周年之际，《专利申请须知》（第五版）正式出版了。

《专利申请须知》（第五版）是根据修改后的《专利法》及其实施细则，以及《专利审查指南》编写的。与《专利法》的前两次修改相比，《专利法》的第三次修改在认真总结我国专利制度建立 25 年来实践经验的基础上，根据我国经济社会发展的内在需要，从解决实践问题出发，进一步加强保护专利权人的利益，同时兼顾与公众利益的平衡。因此，《专利法》的第三次修改，受到了社会的普遍关注。为了满足专利申请人、专利权人、专利代理人以及广大社会公众及时正确地理解《专利法》及其实施细则和有关规定的需求，国家知识产权局专利局初审及流程管理部对本书的有关内容进行了适应性修订，以飨读者。

本书是一本实用性和权威性较强的图书。它根据《专利法》及其实施细则，以及《专利审查指南》，针对申请人关心的一系列问题，例如申请专利的基础知识、专利申请前的准备、申请文件的撰写和填写、专利申请手续、专利审批程序、专利权的维持和专利收费的规定、第三方介入的程序、国际申请以及香港地区专利申请等，一一作了简要的介绍和解释。书后附有主要的申请用表格和专利收费标准等九项附录。同时还编写了分属于三种不同专利申请类型（发明、实用新型和外观设计）并涵盖电学、化工和机械三个不同技术领域的专利申请实例，以供读者了解这些方面的知识，在撰写和填写申请文件以及办理有关申请手续时参考。

本次修订由何越峰统稿，胡泽建、王靖梅、谢国增、韩小非、张颖对本书的有关章节和申请实例进行了修改和校核。具体分工如下：

第一章：何越峰；第二章：胡泽建；第三章：王靖梅；第四、第五章：谢国增；第六、第七章：韩小非；附件 1～8：张颖。

本书介绍的内容是专利申请人申请专利和专利权人维持专利权所必须掌握的最基本的内容。关于申请专利的技巧和专利的转让及利用，可参阅其他有关书籍。希望本书能对专利申请人和专利权人避免和减少申请手续和程序方面的失误，尽快获得专利权和有效地维持专利权有所帮助。

2010 年 6 月

前　言

（第四版）

　　《专利申请须知》第四版，是根据 2000 年我国第二次修改后的《专利法》编写的。

　　本书是一本实用性和权威性较强的图书。它根据《中华人民共和国专利法》（以下简称《专利法》）、《中华人民共和国专利法实施细则》（以下简称《专利法实施细则》）以及专利局的《审查指南》和有关规定，针对申请人关心的一系列问题，例如申请专利的基础知识、专利申请前的准备、申请文件的撰写和填写、专利申请手续、专利审批程序、专利权的维持和专利收费的规定、第三方介入的程序、国际申请以及香港的专利保护等，一一作了简要的介绍和解释。书后附有主要的申请用表格和专利收费标准等九项附录。同时还编写了分属于三种不同专利申请类型（发明、实用新型和外观设计）并涵盖电学、化工和机械三个不同技术领域的专利申请实例。以供读者了解这方面的知识，在撰写和填写申请文件以及办理有关申请手续时参考。

　　本次修订由袁德同志执笔编写，张晓玲、伍正莹、於毓桢、姜华等同志对本书的有关章节和申请实例进行了修改和校核。具体分工如下：

　　第一、三、四、五章及附件 1～8：袁德；第二章：张晓玲；第六章：於毓桢；第七章：姜华；化学案例：伍正莹；电子案例：张东亮；外观案例：宫宝珉。

本书编写过程中得到了国家知识产权局领导和有关业务部门领导、专家的支持，在此一并致谢。

　　本书介绍的内容是专利申请人申请专利和专利权人维持专利权所必须掌握的最基本的内容。关于申请专利的技巧和专利的转让及利用，可参阅其他有关书籍。希望本书能对专利申请人和专利权人避免和减少申请手续和程序方面的失误，尽快获得专利权和有效地维持专利权有所帮助。也希望本书能为有志振兴中华之士打开一扇了解专利的窗口。

2003 年 9 月

前 言

（第三版）

  《专利申请须知》第三版是根据 2000 年修改后的《专利法》修订的。尤其在专利收费标准修改后，应广大读者要求，我们对原版进行了修订，以备读者之急需。

  本书是一本实用性和操作性较强的书。它根据《中华人民共和国专利法》《中华人民共和国专利法实施细则》以及专利局的《审查指南》和有关规定对申请人关心的一系列问题，例如申请专利的基础知识、专利申请前的准备、申请文件的撰写和填写、专利申请手续、专利审批程序、专利权的维持和专利收费的规定、第三方介入的程序、国际申请以及香港的专利保护等一一作了简要的介绍和解释。书后附有主要的申请用表格和专利收费标准等六种附录，同时还编写了分属于三种不同专利申请类型（发明两件，实用新型和外观设计各一件）并涵盖电学、化工和机械三个不同技术领域的申请实例，以供读者了解这方面的知识，在撰写和填写申请文件以及办理有关申请手续时参考。

  本书第二版和这次重印修订由胡一鸣同志执笔编写，吴伟成同志、伍正莹同志和孙履萍同志对本书的有关章节和申请实例进行了校核。本书编写过程中得到了局领导和有关业务部门领导和专家的支持，在此一并致谢。

  本书介绍的内容是专利申请人申请专利和专利权人维持专利权所必须掌握的最基本内容。关于申请专利的技巧和专利的转让及利用，可参阅其他有关书籍。希望本书能对专利申请人和专利权人避免和减少手续和程序方面的失误，尽快获得专利和有效地维持专利权有所帮助。希望本书也将为有志振兴中华之士打开一扇了解专利的窗口。

2001 年 2 月

前　言

（第二版）

　　《专利申请须知》第二版是根据 1993 年修改后的《专利法》及其实施细则编写的。本书出版四年来，专利事业又有了很大发展，特别在专利制度与世界全面接轨方面迈出了最后几个重大步伐。例如：1994 年 1 月 1 日我国参加了《专利合作条约》（简称 PCT），中国专利局已经成为 PCT 申请的受理局、国际专利合作条约联盟大会指定的国际检索单位和国际初步审查单位；1995 年我国参加了《国际承认用于专利程序的微生物保藏布达佩斯条约》，我国原有的两个微生物保藏单位成为国际保藏单位。而随着 1997 年 7 月 1 日香港回归，我国专利制度更将出现一国两制的新格局。为了反映这些新的变化和情况对申请程序和申请手续的影响，这次重印本书时对本书的有关内容进行了修订并增加了"国际申请（PCT 申请）"和"香港的专利保护"两章。

　　本书是一本实用性和操作性较强的书。它根据《中华人民共和国专利法》《中华人民共和国专利法实施细则》以及专利局的《审查指南》和有关规定对申请人关心的一系列问题，例如申请专利的基础知识、专利申请前的准备、申请文件的撰写和填写、专利申请手续、专利审批程序、专利权的维持和专利收费的规定、第三方介入的程序、国际申请以及香港的专利保护等一一作了简要的介绍和解释。书后附有主要的申请用表格和专利收费标准等六种附录，同时还编写了分属于三种不同专利申请类型（发明两件，实用新型和外观设计各一件）并涵盖电学、化工和机械三个不同技术领域的申请实例，以供读者了解这方面的知识，在撰写和填写申请文件以及办理有关申请手续时参考。

本书这次重印修订由胡一鸣同志执笔编写，吴伟成同志、伍正莹同志和孙履萍同志对本书的有关章节和申请实例进行了校核。本书编写过程中得到了局领导和有关业务部门领导和专家的支持，在此一并致谢。

本书介绍的内容是专利申请人申请专利和专利权人维持专利权所必须掌握的最基本内容。关于申请专利的技巧和专利的转让及利用，可参阅其他有关书籍。希望本书能对专利申请人和专利权人避免和减少手续和程序方面的失误，尽快获得专利和有效地维持专利权有所帮助。希望本书也将为有志振兴中华之士打开一扇了解专利的窗口。

1997 年 11 月

前　言

（第一版）

　　《专利法》公布后，如何申请专利成了广大读者迫切需要了解的问题。本书于《专利法实施细则》公布之际脱稿，正为解此燃眉之急。

　　为使读者了解申请专利的各种规定和手续，如专利申请前的准备工作、专利请求书的填写、权利要求书的写法、附图的要求，以及专利权的期限、收费标准等一系列问题，本书根据《中华人民共和国专利法》及《中华人民共和国专利法实施细则》的规定对上述众所关心的问题一一作了介绍或解释。书后附有17种申请用表和两份按要求填写的专利申请实例，供读者了解该方面知识或填写专利申请时参考，以避免因手续方面的失误而错过取得专利权的机会。

　　愿此书能为有志振兴中华之士提供帮助。

1985 年 1 月 22 日

目　录

第1章　申请专利的基础知识

1.1　什么是专利

专利是《专利法》中最基本和核心的概念。它一般有三种含义：一是指专利权；二是指受到专利权保护的发明创造；三是指专利文献。例如：我有三项专利，就是指有三项专利权；这项产品包括三项专利，就是指这项产品使用了三项受到专利权保护的发明创造（专利技术或外观设计）；我要去查专利，就是指去查阅专利文献。严格地说，《专利法》中所说的专利是指专利权。

所谓专利权就是由国家知识产权主管机关依据《专利法》授予申请人的对于实施其发明创造的排他权。一项发明创造完成以后，往往会产生各种复杂的社会关系，其中最主要的就是发明创造应当归谁所有和权利的范围以及如何利用的问题。如果发明创造没有受到专利保护，则难以解决这些问题，其内容披露以后任何人都可以利用这项发明创造。发明创造被授予专利权以后，《专利法》保护专利权不受侵犯。任何人要实施专利，除法律另有规定的以外，必须得到专利权人的许可，通常还需要按双方协议支付使用费，否则就是侵权。专利权人有权要求侵权者停止侵权行为，专利权人因专利权受到侵犯而在经济上受到损失的，还可以要求侵权者赔偿。如果对方拒绝这些要求，专利权人有权请求管理专利工作的部门处理或向人民法院起诉。

专利权是一种知识产权，它与有形财产权不同，具有时间性和地域性限制。专利权只在法定期限内有效，期限届满后专利权就不再存在，它所保护的发明创造就成为全社会的共同财富，任何人都可以自由利用。专利权的有效期限是由《专利法》规定的。专利权的地域性限制是指一个国家授予的专利权，只在授予国的法律管辖范围内有效，对其他国家没有任何法律约束力。每个国家所授予的专利权，其效力是互相独立的。

专利权并不是伴随发明创造的完成而自动产生的，需要申请人按照《专利法》规定的程序和手续向国家知识产权局提出申请，经国家知识产权局审查，符合《专利法》规定的申请才能被授予专利权。如果申请人不向国家知识产权局提出申请，无论发明创造如何重要，如何有经济效益都不能享有专利权。

发明创造要获得专利权，必须将发明内容在权利要求书、说明书或图片、照片和简要说明中充分公开，因为在把无形的发明创造变成专利权这种权利时，要靠权利要求书或图片、照片来确定保护范围，而这些公开的内容是支持权利存在的主要依据。记载发明创造内容的说明书、权利要求书或者图片、照片和简要说明是专利文献中最重要的部分。

专利在国际上通常指发明专利，我国《专利法》则规定保护发明专利、实用新型专利和外观设计专利三种专利。《专利法》还规定发明专利的法定最长保护期限为从申请日起 20 年，实用新型和外观设计专利的法定最长保护期限为从申请日起 10 年。

1.2　谁有权申请并取得专利权

我国《专利法》把发明创造分为职务发明创造和非职务发明创造两种。依据《专利法》及其实施细则的规定，在以下情况下完成的发明创造都是职务发明创造：

（1）发明人在本职工作中完成的发明创造；

（2）履行本单位交付的本职工作之外的任务所完成的发明

创造；

（3）主要利用本单位的物质条件（包括资金、设备、零部件、原材料或者不向外公开的技术资料等）完成的发明创造；

（4）调离原单位后或者劳动、人事关系终止后，退休，或者调动工作一年内作出的与其在原单位承担的本职工作或者分配的任务有关的发明创造。

上述情况以外作出的发明创造是非职务发明创造。

在上述（3）中，利用了本单位的物质条件完成发明创造，但单位与发明人或者设计人订有合同，对申请专利的权利和专利权的归属作出约定的，从其约定。

我国《专利法》依据发明创造的不同性质（包括职务发明创造和非职务发明创造），规定在我国有权申请并取得专利的主要有以下几种人和单位。

1.2.1 发明人、设计人

对于非职务发明创造，发明人、设计人不论其年龄、性别、职业、政治面貌、健康状况以及居住地，只要有正常的行为能力都有权申请专利。申请被批准以后，专利权归发明人、设计人所有。

在我国工作或居住的外国人完成的非职务发明创造，申请专利的权利属于该外国发明人或设计人。申请批准后专利权也归其所有。

几个人共同完成的非职务发明创造，专利申请权归几个人共有。

需要说明的是，《专利法》意义上的发明人、设计人是指对发明创造的实质性特点作出创造性贡献的人，是在发明创造课题的提出、技术方案的形成或克服技术难点等方面起主要或重要作用的人。在发明完成过程中，帮助进行一般性的测绘、试验、加工、计算或资料整理以及进行领导和后勤支持工作的人员不是发明人。

1.2.2 发明人、设计人所属的单位

对于职务发明创造，专利申请权属于发明人、设计人所属的单位。这些单位可以是中国的企业、事业单位或者机关、团体以及其他可以独立承担民事责任的组织；也可以是在我国境内的具有中国法人地位的外资或中外合资企业。职务发明创造被授予专利权的单位，一般应当根据发明创造的意义和实施以后的经济效益，对发明人、设计人按照其对完成发明创造所作贡献的大小，给予奖金和报酬。

两个以上单位合作或者一个单位接受其他单位委托所完成的发明创造，除另有约定外，申请专利的权利归完成或共同完成的单位；申请被批准后，专利权归申请或者共同申请的单位所有。值得注意的是，两个以上单位合作时，可以作为共同申请人的是那些对发明创造的实质性特点作出创造性贡献或实质性改进的单位，只是进行一般性的工业化试验和生产应用的单位不能作为共同完成发明创造的单位。

1.2.3 申请权的合法继受人或继受单位

我国《专利法》规定：专利申请权和专利权可以转让。有权申请的人和单位可以根据自己的意愿将专利申请权转让给第三者。中国单位或个人向外国人转让专利申请权或专利权的，应当依照有关法律、行政法规的规定办理手续。

中国单位以及我国境内的其他法人单位，中国个人和在我国长期居住和工作的外国人，依据我国法律，通过有偿或无偿的方式转让获得，或者通过继承、单位的重组等程序合法取得专利申请权的，都可以按照我国《专利法》的规定申请并取得专利权。

在我国没有经常居所或者营业所的外国人、外国企业或者外国组织，只要其所属国是《保护工业产权巴黎公约》（以下简称《巴黎公约》）联盟成员国或与我国签订有互相给予专利保护协议或互惠原则的，可以享受与我国公民和单位基本相同的待遇。国家知识产权局可以受理他们的申请，并予以审查。

1.2.4　按照协议或者合同获得申请权的人

一个单位或者个人可以委托另一个单位或者个人研究和开发某一项技术；一个单位也可以在开发某一项技术过程中与研究人员签订协议。如果在委托协议或者合同中写明了该项技术完成后专利申请权的归属，则在协议或者合同中写明的权利人可以作为合法的申请人申请专利。但是委托双方订立的协议或者合同不得违反国家法律或者造成不正当竞争。例如，一个单位或者个人未通过另一个单位的领导，私下订立协议委托该单位的技术开发人员研究和开发与其本职工作有关的一项技术。

我国《专利法》还规定，不同申请人就相同的发明创造申请专利时，专利权授予最先提出申请的申请人。

1.3　什么样的发明创造可用专利保护

我国《专利法》保护的发明创造包括发明、实用新型和外观设计三种。其中发明是指对产品、方法或者改进所提出的新的技术方案；实用新型是指对产品的形状、构造或者其结合所提出的适于实用的新的技术方案；外观设计是指对产品的形状、图案、色彩或者其结合以及色彩与形状、图案的结合所作出的富有美感并适于工业应用的新设计。

可见，《专利法》所保护的发明创造有其特定的含义。发明和实用新型专利只保护技术领域的发明创造，即只保护技术方案，对于纯粹的科学理论、教学方法、计算方法、人为的规则（如征税的方法）、游戏的方法、基于心理学的广告的方法、提高劳动者积极性的方法等都不能授予专利权。依照《专利法》的规定：发明专利可以分为产品发明专利和方法发明专利两大类。产品发明是指一切以物质形式出现的发明，例如：机器、仪表、工具及其零部件的发明，新材料、新物质的发明。方法发明是指一切以程序和过程形式出现的发明，例如：产品的制造加工工艺、材料的测试、化验方法、产品的使用方法的发明。实用新型专利不保护方法发明，它的保护对象只限于产品发明中的一部分，即具有一定形状或结构的产品。外观设计保护的是产品的外形特征，这种外形特征必须通过具体的产品来体现，并且这种产品可用工业的方法生产和复制。这种外形的特征可以是产品的立体造型，也可以是产品的表面图案，或者是两者的结合，但不能是一种脱离具体产品的图案或图形设计。

我国《专利法》还明确规定对下列各项不授予专利权。凡有下列各项申请，国家知识产权局专利局（以下简称"专利局"）将作驳回处理：

（1）科学发现，例如：对自然现象、社会现象及其规律的新发现、新认识以及纯粹的科学理论和数学方法；

（2）智力活动的规则和方法，例如：对人和动物进行教育、训练的方法，组织生产、游戏的方案、规则；

（3）疾病的诊断和治疗方法；

（4）动物和植物的品种；

（5）用原子核变换方法获得的物质；

（6）对平面印刷品的图案、色彩或者二者的结合作出的主要起标识作用的设计。

其中第（1）、（2）两项因为不属于技术发明的范畴，所以不能取得专利保护。第（3）项因与人民生命健康有关，不宜授予专利权，但是各种对人体的排泄物、毛发和体液的样品以及组织切片的检测、化验方法不属于疾病的诊断方法。第（4）项由于对动、植物品种的遗传性状进行确证十分困难，所以难以用专利保护，国际上通常制定专门法规，例如《种子法》等进行保护。第（5）项因为与大规模毁灭性武器的制造生产密切有关，所以不能授予专利权。第（6）项因为其设计的作用主要是向消费者披露相关的制造者或服务者，属于《商标法》保护范畴，所以不能授予专利权。

上述第（3）项方法虽不能保护，但各种诊断、治疗疾病的仪器、设备的发明可以保护。第（4）、（5）项产品本身虽不能保护，但它们的生产方法及生产和研究中使用的仪器、设备和工具等可以保护。

实用新型专利只保护对于产品的改进，而一切有关方法（包括产品的用途）以及未经人工制造的自然存在的物品都不授予实用新型专利。

上述方法包括产品的制造方法、使用方法、通信方法、处理方法、计算机程序以及产品的特定用途等。

另外，无确定形状的产品，如气状、液状、粉末状、颗粒状的物质或材料，其形状不能作为实用新型产品的形状特征；对于仅仅改变了成分的原材料产品，例如各种型材，不能作为产品特定形状特征。物质的分子结构、组分不属于实用新型专利给予保护的对象。产品的形状以及表面的图案、色彩、文字、符号、图表或者其结合的新设计，没有解决技术问题，也不属于实用新型专利保护的客体。

前述无确定形状的产品，不能给予外观设计专利保护。此外，无法用工业方法生产和复制的产品，例如，纯粹的美术作品、直接利用自然物的外形构成的制品、与具体地形相结合的固定建筑物，不能授予外观设计专利权。此外，对近代人物的肖像、国旗、国徽、注册商标、服务标志和与国家重大政治社会活动有关的数字、日期、字符以及标识物等因涉及其他权利，也不能授予外观设计专利权；文字、字母、数字本身因不属于图案，产品的微观图案和形状因无法用肉眼看到，也都不能给予外观设计专利保护。

此外，违反法律、社会公德或妨碍公共利益的发明创造，例如吸毒用具、破坏防盗门的方法和工具、伤害良风习俗和民族感情的外观设计，以及违反科学原理的所谓发明，例如永动机等，都不能给予专利保护。

1.4　授予专利权的条件

授予专利权的发明创造应当具备的条件包括两方面内容：形式条件和实质性条件。

形式条件是指要求授予专利权的发明创造，应当以《专利法》及其实施细则规定的格式，书面记载在专利申请文件上，并依照法定程序履行各种必要的手续。文件或者手续如果不符合要求，应当在法律规定或者专利局指定的期限内补正，经过补正仍然不符合要求的，专利局将予以驳回。

实质性条件也称专利性条件，它是对发明创造授权的本质依据。《专利法》规定，授予专利权的发明和实用新型应当具备新颖性、创造性和实用性。

1.4.1　新颖性

对于发明和实用新型，《专利法》所说的新颖性是指如下三种情况：

（1）在申请提交到专利局以前，没有同样的发明创造在国内外出版物上公开发表过。这里的出版物，不但包括书籍、报纸、杂志等纸件，也包括录音带、录像带及唱片等音、影文件。

（2）在申请日之前在国内外没有公开使用过，或者以其他方式为公众所知。所谓公开使用过，是指以商品形式销售或用技术交流等方式进行传播、应用，乃至通过电视和广播为公众所知。

（3）在该申请提交日以前，没有任何单位或个人就同样的发明或实用新型向专利局提出过申请，并且记载在以后公布的专利申请文件或公告的专利文件中。

因此，在提交申请以前，申请人应当对其发明创造的新颖性作普遍调查，对明显没有新颖性的，就不必申请专利。

1.4.2　创造性

《专利法》所说的创造性是指专利申请同申请日前的现有技术相比，该发明具有突出的实质性特点和显著的进步。该实用新型有实质性特点和进步。所谓"实质性特点"是指与现有技术相比，有本质上的差异，有质的飞跃和突破，而且申请的这种技术上的变化和突破，对本领域的普通技术人员来说并非是显而易见的。所谓"同现有技术相比有进步"是指该发明或实用新型比现有技术有技术优点或有明显的技术优点。

1.4.3　实用性

《专利法》所说的实用性是指申请专利的发明创造，能够在工农业及其他行业的生产中批量制造或能够在产业上或生活中应用，并能产生积极的效果。例如，违背自然规律的技术方案、利用独一无二自然条件的技术方案，不具备实用性。只有具备实用性的技术方案，将其与现有技术进行比较才具有意义，因此不具备实用性即无必要判断其新颖性和创造性。

1.4.4　外观设计的授权条件

《专利法》规定：授予专利权的外观设计，应当不属于现有设计；也没有任何单位或者个人就同样的外观设计在申请日以前向国务院专利行政部门提出过申请，并记载在申请日以后公告的专利文件中。

此外，授予专利权的外观设计与现有设计或者现有设计特征的组合相比，应当具有明显区别。

《专利法》还规定，授予专利权的外观设计不得与他人在申请日以前已经取得的合法权利相冲突。

1.5　专利代理制度

专利代理是整个专利工作体系中不可缺少的重要一环，是专利申请人与专利局之间的"桥梁"。我国《专利法》规定，专利代理机构接受专利申请人委托或者其他当事人委托向专利局申请专利或办理其他专利事务。新修改的《专利代理条例》于2019年3月1日实施。专利代理机构应当在专利局备案并至少有三名专职代理师和若干名兼职代理师组成。专利代理师是经过专利局考核认可、并在专利局登记的、专门从事专利代理业务的人员。他们是既懂技术又懂有关法律的专家。专利代理师受专利代理机构指派从事以下业务：

（1）为申请专利提供咨询；

（2）代理撰写专利申请文件、申请专利以及办理审批程序中的各种手续及批准后的事务；

（3）代理专利申请的复审、专利权的撤销或者无效宣告程序中的各项事务，或为上述程序提供咨询；

（4）办理专利技术转让的有关事宜，或为其提供咨询；

（5）其他有关专利的事务。

专利代理机构遍布于全国各省、自治区、直辖市及经济特区、开放城市。

在中国境内没有经常居所或营业所的外国人、外国企业或外国其他组织向中国申请专利，或者办理其他专利事务，必须委托依法设立的专利代理机构办理。中国单位和个人，以及在中国境内有经常居所或营业所的外国人、外国企业或外国其他组织向中国申请专利，或者办理其他专利业务，可以自行办理，也可以委托专利代理机构办理。当事人委托专利代理的，应当在向专利局提交专利申请或者办理其他手续的同时，附有专利代理委托书，指明委托的专利代理机构和该机构指定的代理师，以及委托代理的权限范围。专利代理师在其权限内执行的法律行为，相当于申请人或者其他当事人本人的行为。

第 2 章　专利的申请

2.1　申请专利前的准备

一项能够取得专利权的发明创造需要具备多方面的条件。首先是具备实质性条件，即具备专利性；其次还要符合《专利法》规定的形式要求以及履行各种手续。不具备上述条件的申请，不但不可能获得专利，还会造成申请人及专利局双方时间、精力和财力的极大浪费。为了减少申请专利的盲目性，节省申请人及专利局双方的人力和物力，专利申请人在提出申请以前一定要做好以下准备工作。

（1）学习和熟悉《专利法》及其实施细则，详细了解什么是专利、谁有权申请并取得专利、申请何种专利、如何申请和取得专利。同时，也应了解专利权人的权利和义务，取得专利后如何维持和实施专利等。

（2）对准备申请专利的发明创造技术方案是否具备专利性进行较详细的调查。在作出是否提出专利申请以前，应当广泛掌握资料，充分了解现有技术或现有设计的状况，对明显没有新颖性或创造性的技术方案，就不必再提出申请。由于现有技术或现有设计除记载在专利文献、非专利文献、专业期刊和专著等之中外，还体现为同行业的技术现状，所以对现有技术或现有设计作全面调查是一项十分细致和烦琐的工作。尽管这样，对现有技术或现有设计的调查仍是一个不可或缺的环节。申请人至少应当检索一下专利文献，因为专利文献包含了国内外最新的技术和设计情报，又有比较科学的分类方法，往往可以给申请人较大帮助。此外，国家知识产权局下属的检索咨询中心还设有申请专利前的有偿检索服务，如果申请人经济上许可，自然这是检索现有技术或现有设计最省力的方法。另外，申请人也可以通过网上检索，调查国内、外现有技术设计。

（3）需要从市场经济的角度对申请专利进行认真考虑。申请专利必须缴纳申请费、审查费（发明申请），如果被批准，还要缴纳专利年费，委托专利代理机构的还要向其支付代理费，这是一笔相当不小的投资。申请人应对自己的发明创造技术开发的可能性、范围及技术市场和商品市场的条件进行认真预测和调研，以便明确在取得专利权以后实施和转让专利的条件及可能获得的经济收益，明确不申请专利可能带来的市场和经济损失。这些都是申请人作出是否值得申请专利、申请何种类型的专利（发明、实用新型或外观设计）和在什么时候提出专利申请等问题时应当顾及的重要因素。

（4）了解专利申请文件的填写格式和撰写要求、专利申请的提交方式、费用标准和主要审批程序。《专利法》规定，申请一旦提交，就不能再作实质性修改，所以，专利申请文件，特别是说明书写得不好，将很可能形成无法补救的缺陷，甚至可能导致很好的发明内容，却无法获得专利。权利要求书写得不好，常常会使专利权的保护范围过窄。不了解申请手续、审批程序，也往往会导致申请被视为撤回等法律后果。撰写专利申请文件有很多技巧，办理各种申请手续也是十分细致、严谨的工作，申请人如果欠缺相关经验，可以考虑委托专利代理机构办理申请手续。

（5）注意其他在申请前应注意的事项，例如：为了保证专利申请的技术方案具有新颖性，在提出专利申请以前，申请人应当对申请内容保密。如果在发明试验或鉴定的过程中有其他人参与，应当要求这些人员也予以保密，必要时可以签订保密协议。

在国务院主管部委或全国性学术团体组织主办过的新技术、新产品鉴定会和技术会议上已发表的，为了不丧失新颖性，应当按照《专利法》第二十四条的规定，在鉴定会或技术会议后 6 个月之内提出专利申请。

凡是要申请专利的技术方案涉及一种或几种新的、公众无法得到的生物材料的，应当在提出申请以前，最迟在申请的同时将这些生物材料提交国家知识产权局认可的保藏单位保藏。目前在国内已认可的保藏单位有：中国生物菌种保藏管理委员会普通微生物中心，地址在北京中关村；中国典型培养物保藏中心，地址在武汉珞珈山武汉大学校内；广东省微生物菌种保藏中心，地址在广东省广州市先烈中路。以上三个保藏单位是《国际承认用于专利程序的微生物保存布达佩斯条约》（以下简称《布达佩斯条约》）承认的国际保藏单位，所以申请人在这三个单位中任意一个保藏生物材料的手续也将得到其他《布达佩斯条约》缔约国的认可。

如果专利申请权是通过转让获得的，应当在申请以前办好转让手续，以便专利局需要时，可以及时提交。

2.2　专利申请的一般要求

2.2.1　办理专利申请的形式

办理专利申请手续有书面形式（纸件形式）和电子文件形式两种。

申请人以书面形式提出专利申请并被受理的，在审批程序中应当以纸件形式提交相关文件。除另有规定外，申请人以电子文件形式提交的相关文件被视为未提交。以口头、电话、实物等非书面形式办理各种手续的，或者以电报、电传、传真、电子邮件等通信手段办理各种手续的，均视为未提出，不产生法律效力。

申请人以电子文件形式提出专利申请并被受理的，在审批程序中应当通过电子专利申请系统以电子文件形式提交相关文件，另有规定的除外。不符合规定的，该文件视为未提交。

例如：如果申请人在申请时提交的专利申请文件公开不充分，即使在申请时已经提交了发明的实物，也不能以此为理由来克服公开不充分的缺陷。其中实物形式的例外是涉及生物材料样品的申请。《专利法》规定：生物材料样品的性状不但要在专利申请说明书中进行描述，而且还要在指定或认可的保藏单位保藏生物材料样品实体本身。

2.2.2　专利申请文件由哪几部分组成

申请发明专利的，专利申请文件包括：发明专利请求书、说明书、说明书附图（必要时）、权利要求书、摘要及摘要附图（必要时），各一式一份。

申请实用新型专利的，专利申请文件应当包括：实用新型专利请求书、说明书、说明书附图、权利要求书、摘要及其附图，各一式一份。

涉及氨基酸或者核苷酸序列的发明专利申请，说明书中应包括该序列表，并把该序列表单独编写页码。同时还应提交符合专利局规定的该序列表的光盘或软盘。

申请外观设计专利的，专利申请文件应当包括：外观设计专利请求书、外观设计图片或者照片、外观设计简要说明，各一式一份。图片或者照片应当清楚地显示要求专利保护的产品的外观设计。申请人请求保护色彩的，应当提交彩色图片或者照片。外观设计的简要说明应当写明外观设计产品的名称、用途、设计要点，并指定一幅最能表明设计要点的图片或者照片。省略视图或者请求保护色彩的，应当在简要说明中写明。对于同一产品的多项相似设计提出一件外观设计专利申请的，应当在简要说明中指定其中一项作为基本设计。

发明或者实用新型专利申请文件各部分应按下列顺序排列：请求书、说明书摘要、摘要附图、权利要求书、说明书、说明书附图和其他文件。外观设计专利申请文件各部分应按照请求书、图片或照片、简要说明顺序排列。专利申请文件各部分都应当用阿拉伯数字分别顺序编号。

2.2.3　专利申请文件的纸张要求

专利申请文件使用的纸张应当柔韧、结实、耐久、光滑、无光、白色。其质量应当与 80 克胶版纸相当或者更高。纸面不得有无用的文字、记号、框、线等。各种文件一律采用 A4 尺寸（297 毫米×210 毫米）的纸张。

专利申请文件的纸张应当单面、纵向使用。文字应当自左向右横向书写，不得分栏书写。纸张左边和上边应各留 25 毫米空白，右边和下边应当各留 15 毫米空白。专利申请文件各部分的第一页必须使用国家知识产权局统一制定的表格。这些表格可以向专利局受理处、各地的专利代办处索取或直接从国家知识产权局网站上下载。

2.2.4　专利申请文件的文字和书写要求

专利申请文件各部分一律使用中文，"中文"是指汉字。汉字应当以国家公布的简化字为准。外国人名、地名和科技术语如没有统一中文译名时，可按照一般惯例译成中文，并在译文后的括号内注明原文。申请人提供的附件或证明是外文的，应当附有中文译文。

专利申请文件包括请求书在内，都应当用宋体、仿宋体或楷体打字或印刷，字迹呈黑色，字高应当在 3.5 毫米～4.5 毫米，行距应当在2.5毫米~3.5毫米。专利申请文件不允许涂改。如确有必要增删更改时，应当在提出申请以后，通过补正手续办理。对专利申请文件的文字补正和修改，不得超出原说明书和权利要求书记载的范围。

专利申请文件中有附图的，应当使用包括计算机在内的制图和黑色墨水绘制，线条应当均匀清晰、足够深，以能够满足扫描和复印的要求为准，且不得涂改。

2.2.5　专利申请内容的单一性要求

一件专利申请内容应当限于一项发明、一项实用新型或者一项外观设计；不允许将两项不同的发明或者实用新型放在一件专利申请中，也不允许将一种产品的两项外观设计或者两种以上产品的外观设计放在一项外观设计专利产品中提出。这就是专利申请内容的单一性要求。

这样做首先有利于专利局对专利申请进行分类和审查；其次方便公众对专利文献进行检索和查阅；再次给专利权人的签订转让许可合同带来便利；最后，还可以防止申请人只支付一件专利申请的费用而获得多项专利权的保护。

然而，当两项以上的发明或者实用新型属于一个总的发明构思下几项技术有关联的不同实施方案时，硬要把这样的不同方案分开，反而会给审查、检索带来不方便。所以，我国《专利法》和国际上通常都允许将这样的几项发明或实用新型合案申请。

所谓属于一个总的发明构思的两项以上的发明或实用新型是指它们应当在技术上相互关联，包含一个或多个相同或相应的特定技术特征。其中的特定技术是指每一项发明或实用新型作为整体，对现有技术作出贡献的技术特征。

例如，发明1为一种物质X，发明2为物质X作为杀虫剂的用途，这样的两个技术上相互关联的发明可以合案申请。又例如，发明 1 为一种以视频信号的时轴扩展器为特征的发射器，发明 2 为一种以视频信号的时轴压缩器为特征的接收器，这两项技术相互关联又具有相应的特定技术特征的发明可以合案申请。

同样，同一产品的两项以上的相似外观设计，或者属于同一类别并且成套出售或者使用的产品的两项以上外观设计，可以作为一件申请提出（以下简称"合案申请"）。同一产品的其他外观设计应当与简要说明中指定的基本外观设计相似，一件外观设计专利申请中的相似外观设计不得超过 10 项。成套产品是指由两件以上（含两件）属于同一大类、各自独立的产品组成，各产品的设计构思相同，其中每一件产品具有独立的使用价值，而各件产品组合在一起又能体现出其组合使用价值的产品。例如：由咖啡杯、咖啡壶、牛奶壶和糖罐组成的咖啡器具；或者包括大小碗、大小盘和汤勺多件物品的成套餐具，就可以在一件外观设计专利申请中提出。

判断专利申请的单一性，有时是比较复杂的问题，所以允许申请人在提出申请以后，当审查员提出或本人发现申请不具备单一性时，可以修改申请，使其符合单一性。而原申请中包含的其他发明、实用新型或者外观设计，允许申请人分出来重新申请，这种以原申请中分出来的发明、实用新型或者外观设计为内容的申请，一般称作分案申请。

专利申请的单一性要求虽然不是授予专利权的实质性条件，但是当审查员经审查认为申请不符合单一性，要求申请人修改时，如果申请人拒绝修改，照样可能导致申请被驳回。专利申请是否具备单一性，发明和实用新型申请是由权利要求书的内容决定的，外观设计申请是由图片或照片决定的。只要权利要求书或者图片、照片中仅包含一项发明、实用新型或者一项外观设计，就认为申请具备单一性。

专利申请的单一性要求只针对专利申请，一旦专利申请被授权以后，不能因为该专利缺乏单一性而请求宣告该专利权无效。

2.3 专利申请文件的填写和撰写

填写或撰写出符合规定要求的专利申请文件是非常重要的。专利申请文件填写或撰写的质量高低，往往影响到审批程序的长短、保护范围的宽窄，有时甚至影响到专利申请能否被授予专利权。专利申请文件的撰写和填写有很多技巧，下面只是将《专利法》及其实施细则要求的原则作出说明。

2.3.1 请求书

专利请求书有三种。分别是发明专利请求书、实用新型专利请求书以及外观设计专利请求书。它们的主要栏目和填写要求基本相同。

在填写这三种专利请求书时，应当按照《专利法》及其实施细则的规定，使用专利局统一制定的表格。申请人在申请时，首先应当弄清楚申请类型，也就是确定是申请发明、实用新型还是外观设计，然后选择相应类型的专利请求书进行填写。下面主要以发明专利请求书为例，说明各栏的填写要求和注意事项。

（1）第①、②、③、④、⑤、⑥栏

由专利局填写

（2）第⑦栏：发明名称（或实用新型名称、使用该外观设计的产品名称）

发明或实用新型名称应当清楚、简明地表达发明创造的主题，一般不得超过 25 个字。对于外观设计的名称，则应当具体、明确反映该产品所属的类别，一般不得超过 20 个字。

发明创造名称不要过于烦琐，也不能太抽象笼统。发明或者实用新型应当根据发明主题的宽窄，确定一个与《国际专利分类表》（IPC）中的类组相适应的名称。外观设计产品名称应当符合《国际外观设计分类表》（《洛迦诺分类表》）中列举的产品名称。

发明创造的名称不应当包含人名、地名、单位名称和产品型号、商标、代码等，也不允许使用含义不确定的词汇，例如"……及其类似物"，因为这样会使发明主题模糊。外观设计产品名称不应当包含描述产品功能、用途的词汇。

请求书中的发明创造名称应当与说明书以及其他各种专利申请文件中的发明创造名称一致。

（3）第⑧栏：发明人或者设计人

发明人或者设计人必须是自然人。可以是一个人，也可以是多个人，但不能是单位或"××研究室""××协作组"之类的组织机构。

发明人或者设计人不受国籍、性别、年龄、职业或居住地的限制，只要对发明创造作出实质性贡献的人均可成为发明人、设计人。

发明权不能继承、转让，发明人、设计人死亡的，仍应注明原发明人姓名，但是可以注明死亡，例如："张三（死亡）"。

发明人、设计人姓名由申请人代为填写，但应将填写情况通知发明人、设计人。在有多个发明人或设计人的情况下，如果排列次序有先后的，应当用阿拉伯数字注明顺序，否则国家知识产权局将按先左后右、再自上而下次序排列。

发明人或设计人因特殊原因，要求不公布姓名的，应当在本栏相应发明人姓名右侧勾选"不公布姓名"。提交专利申请后发明人、设计人请求不公布姓名的，应当由发明人、设计人提交由本人签字或者盖章的书面声明，但是专利申请进入公布准备后才提出该请求的，该请求视为未提出。请求被批准以后，发明人或设计人姓名在专利公报、说明书单行本和专利证书上均不公布其姓名，并且发明人、设计人以后不得再要求重新公布其姓名。

（4）第⑨栏：第一发明人或设计人国籍和居民身份证件号码

该栏应根据实际情况如实填写。

（5）第⑩栏：申请人

申请人可以是自然人，也可以是单位。如果是单位，该单位应当是法人或者是可以独立承担民事责任的组织。申请人是单位的，应当写明其正式的全称，并与公章中的单位名称一致。

申请人如果是自然人（可以是多个），应当写明真实姓名，不能用笔名或者化名，也不能含有学位、头衔等不属于人名部分。外国人的姓名允许用简化形式，例如：约·维·斯捷潘诺夫。申请人的地址应当写明省、市以及邮件可以迅速送达的详细地址（包括邮政编码）。一般不能用单位名称代替地址，例如：不允许以"××学院"作为地址。一个地址内有多个单位的，除写明地址外还应写明单位名称。

经常居所或营业所在我国境外的申请人，其地址可以只写国家和州，例如：美国加利福尼亚州。

台湾、香港、澳门的申请人地址可分别写明为：中国台湾、中国香港或中国澳门。

申请人的国籍和注册国家或地区，可以用国家或地区全称，也可以用简称，例如：中华人民共和国或中国。

专利局对外国人的申请资格按照《专利法》第十八条进行审查，对国内申请人，除依法作出变更的以外，凡填写在请求书"申请人"栏目中的单位或者个人，在专利审批程序中均被视为有权申请专利的合法申请人。填写的申请人资格明显有疑义的，例如填写的是"××大学科研处"或者"××课题组"，专利局会在初步审查阶段发出补正通知书，通知申请人提供能表明其具有申请人资格的证明文件。有多个申请人的，应当如实填写，申请人一栏不够用时，应当使用附页。

要求享受费用减免的申请人，如果符合费用减免条件，应当先登录专利事务服务系统进行费减备案，并提供证明材料进行审核。费减备案后，在请求书的申请人栏目中，勾选上"请求费减且已完成费减资格备案"，并在此栏内填写上正确的费减备案号。

为了便于专利局联系到申请人，可以填写申请人电话号码、电子邮箱。

（6）第⑪栏：联系人

申请人是单位且未委托专利代理机构的，应当填写联系人。联系人是代表该单位接收专利局所发信函的收件人。联系人应当是本单位的工作人员。申请人是个人且需由他人代收专利局所发信函的，也可以填联系人。联系人只能填写一人。填写联系人的，还需要同时填写联系人的通信地址、邮政编码和电话号码等便于联系的信息。

若申请人未委托专利代理机构，指定了联系人的，专利局的各种文件将送交指明的联系人。委托专利代理机构的，可以不指定联系人。

（7）第⑫栏：代表人

申请人有两个或两个以上且未委托专利代理机构的，如果在本栏内没有声明，则专利局视第一署名申请人为代表人。如果指定第一申请人之外的其他申请人为代表人，应当在该栏中声明。

在专利审批程序中，专利局一般只与代表人联系，代表人应当将专利局的文件或将其复印件转送其他申请人。除直接涉及共有权利的手续外，代表人可以代表全体申请人办理在专利局的其他手续。直接涉及共有权利的手续包括：提出专利申请，委托专利代理、转让专利申请权、优先权或者专利权，撤回专利申请，撤回优先权要求，放弃专利权等。直接涉及共有权利的手续应当由全体权利人签字或者盖章。

（8）第⑬栏：专利代理机构

申请人申请专利时，办理申请手续有两种方式：一是自己办理；二是委托专利代理机构办理。只有委托专利代理机构办理的才需要填写本栏目。

尽管委托专利代理是非强制性的，但是考虑到申请文件撰写质量的重要性，以及审批程序的法律严谨性，对经验不多的申请人来说，委托专利代理是值得优先考虑的。

申请人委托专利代理的，应当与专利代理机构订立委托合同，签署专利代理委托书，写明委托权限。委托书应使用专利局统一制定的表格。委托书应当由申请人签字或盖章，申请人有两个以上的，应当由全体申请人签字或盖章，并由代理机构加盖印章。然后由专利代理机构指定本机构的代理师为申请人办理申请手续。一件申请最多可以指定两名代理师办理。

申请人委托的专利代理机构应当是依法成立并且在专利局正式备案的，代理机构指定的本机构代理师应当是经过专利局考核认可并在国家知识产权局注册登记的。为此，本栏目不仅要填写专利代理机构的名称，还应当注明其注册代码和地址，代理师一栏应当填写代理师姓名、执业证号和联系电话。

申请人在同一审查程序中只允许委托一家专利代理机构。有多个申请人的应当由全体申请人共同委托同一专利代理机构。在委托同一专利代理机构以后，如果指定了代表人的，就相当于全体申请人同意由代表人同专利代理机构联系。

专利代理机构接受委托以后，其在委托权限内采取的行为与委托人采取的相同行为有同等效力，由此产生的后果对委托人具有约束力。

但是，专利代理机构办理转委托手续，以及转让申请权或专利权，撤回专利申请和放弃专利权等涉及共有权利的手续时，应当得到全体委托人的同意。

申请人有权解除对专利代理机构的委托。反之，专利代理机构也可以辞去对其的委托。有上述情况的，均应当通知对方并向专利局提出声明，提交相应附件并办理著录项目变更手续。

在中国内地没有经常居所或者营业所的外国申请人以及中国台湾、香港、澳门地区的申请人向专利局提出专利申请和办理其他专利事务，或者作为第一署名申请人与中国内地的申请人共同申请专利和办理其他专利事务时，应当委托依法设立的专利代理机构办理。

（9）第⑭栏：分案申请

当专利申请不符合单一性要求时，申请人除应当对该申请进行修改使其符合单一性要求外，还可以将申请中包含的其他发明、实用新型或者外观设计重新提出一件或多件分案申请。分案申请享有原申请（第一次提出的申请）的申请日，如果原申请有优先权要求的，分案申请可以保留原申请的优先权日。申请人提出分案申请的应在请求书的该栏中予以声明。申请是再次分案申请的，还应当填写所针对的分案申请的申请号。

分案申请不得改变原申请的类别。原申请是发明，分案申请也应当是发明。实用新型或者外观设计也一样。分案申请改变类别的，专利局不予受理。

分案申请的申请人应当与原申请的申请人相同；不相同的，应当提交有关申请人变更的证明材料。分案申请的发明人也应当是原申请的发明人或者是其中的部分成员。

分案申请可以由申请人主动提出，也可以依据审查员的审查意见提出。但专利局对原申请发出授权通知书之日起 2 个月期限（即办理登记手续的期限）届满之后，或者分案申请的原申请已经被撤回或被视为撤回且未被恢复权利的，或者被驳回并已生效的，一般不得再提出分案申请。

提出分案申请的应当在本栏内填明原申请的申请号、申请日。原申请的申请日即为分案申请的申请日。对于已提出过分案申请，申请人需要针对该分案申请再次提出分案申请的，还应当填写所对应的分案申请号。如果原申请是进入国家阶段的国际申请的，则申请人还应当在所填写的原申请的中国申请号后加一括号，并在该括号内注明该国际申请号。

分案申请的内容不得超出原申请记载的范围，如果超出后又不愿删去的，分案申请将会被驳回。

分案申请除应当提交专利申请文件外，还应当提交原申请的专利申请文件副本以及原申请中与本分案申请有关的其他文件副本（例如优先权文件副本）。原申请中已提交的各种证明材料，可以使用复印件。原申请的国际公布使用外文的，除提交原申请的中文副本外，还应当同时提交原申请国际公布文本的副本。

分案申请的各种法定期限，例如提出实质审查请求的期限，都是从原申请日起算。如果原申请是享有优先权的，则实审请求期限应从优先权日起计算。对于已经届满或者自分案申请递交日起至期限届满日不足2个月的各种期限，申请人可以自分案申请递交日起2个月内或者自收到受理通知书之日起15日内补办各种手续。期满未补办的，该分案申请将被视为撤回。分案申请还应当按照一件新申请的要求，缴纳申请费并且在上述规定期限内缴纳已经到期的各种费用，例如发明专利申请的分案申请的实审费。

原申请享有优先权的，在提交分案申请的同时，还应当提交原申请的优先权文件副本。申请时未提交的，应当在接到审查员的补正通知后按规定期限补交，否则申请将被视为撤回。

（10）第⑮栏：生物材料保藏

本栏目只有发明专利请求书才有。当发明涉及生物材料样品并且需要对生物材料样品进行保藏时才需要填写本栏目。

生物样品材料的保藏日期应当在提出专利申请之前，最迟在申请日（有优先权的，指优先权日），因为它被看作是专利申请的一部分。

保藏单位应是专利局认可的生物材料样品国际保藏单位。申请人在该栏目中应当准确地填写国际保藏单位的名称，以便专利局核对。

保藏编号：申请人在上述单位保藏生物材料以后，可以获得保藏编号。申请人如果因为提交菌种保藏的手续是在申请日办理的，因而无法将保藏编号填入请求书中时，可以在请求书上先填上保藏单位和保藏日期，然后在 4 个月之内以书面补正形式提交保藏编号。

涉及生物样品并需要保藏的专利申请，除需要在请求书中填明保藏单位、地址、日期、编号和分类命名并勾选样品状态是否存活以外，还要在 4 个月之内提交保藏单位的保藏证明和生物材料存活证明。

在规定期限内未提交保藏编号或未提交存活证明的，视为生物材料未提交保藏。

（11）第⑯栏：序列表

发明专利申请涉及核苷酸或氨基酸序列表的，应当填写此栏，填写时只需选择该栏中的复选框即可。

（12）第⑰栏：遗传资源

发明专利申请涉及的发明创造是依赖于遗传资源完成的，应当填写此栏，填写时只需选择该栏中的复选框即可。

除了在请求书填写此栏外，还应填写遗传资源来源披露登记表，写明该遗传资源的直接来源和原始来源。申请人无法说明原始来源的，应当陈述理由。对于不符合规定的，审查员将发出补正通知书，通知申请人补正。期满未补正的，该申请将被视为撤回。补正后仍不符合规定的，该申请被驳回。

（13）第⑱栏：要求优先权声明

优先权有两种，一种是外国优先权，另一种是本国优先权。这两种优先权都不是自动产生的，必须在申请的同时提出声明，并办理规定手续，经专利局审查后才能享有。

要求优先权的申请人应当在本栏写明作为优先权基础的在先申请的受理国或受理局（当受理局是由《巴黎公约》成员国组成的国际组织专利主管机构，例如欧洲专利局时，可以填写欧洲专利局）；写明由在先申请的受理局确定的在先申请的申请日；写明受理局给予的在先申请的申请号。

未在请求书中提出声明的，视为未要求优先权。

受理国（局）可以用国家或局的简称填写，例如中国、欧洲专利局；也可以用国际标准国别代码填写，例如 CN、EP。要求本国优先权的，不得省略受理国名称，不得填写成"我国"，而应当填写中国或 CN。

申请日应当用阿拉伯数字按照年、月、日顺序填写，例如 2018 - 10 - 7。

申请号应当按照在先申请的受理国（局）给予的形式填写。

要求多项优先权的，应当填明每一项在先申请的受理国（局）、申请日和申请号。

要求多项优先权的，其提出优先权要求的 12 个月的期限从申请日期最早的在先申请的申请日起算。

要求外国优先权的在后申请的申请人与在先申请的申请人应当一致或者是在先申请的申请人之一。如果完全不一致，应当在提出在后申请之日起 3 个月内提交由在先申请的全体申请人签字或盖章的优先权转让证明文件。要求本国优先权的在后申请的申请人与在先申请中的申请人应当一致。如果不一致，应当在提出在后申请之日起 3 个月内提交由在先申请的全体申请人签字或者盖章的优先权转让证明文件。

要求优先权的申请人，还应当在申请日起 2 个月内或收到受理通知书之日起 15 日内，按照要求优先权的项数缴纳优先权要求费。要求外国优先权的，还应当在自申请日起 3 个月内，就每一项优先权提交经原受理局证明的在先申请文件副本。逾期未缴纳优先权要求费，或者未提交申请文件副本的，视为未要求优先权。

依照专利局与在先申请的受理机构签订的协议，专利局通过电子交换等途径从该受理机构获得的在先申请文件副本的，视为申请人提交了经该受理机构证明的在先申请文件副本。

已向专利局提交过的在先申请文件副本，需要再次提交的，可以仅提交该副本的中文题录译文，但应当注明在先申请文件原件所在案卷的申请号。

外观设计专利申请不能要求本国优先权，但是可以要求外国优先权，外观设计专利申请要求外国优先权的期限是6个月。

（14）第⑲栏：不丧失新颖性宽限期声明

我国《专利法》规定，在某些特殊情况下，申请人在申请日（享有优先权的，指优先权日）之前6个月内公开自己的发明创造，不损害自己提出的专利申请的新颖性。这些特殊情况中的三项印在本栏"□"后，一是，申请前已在中国政府主办或者承认的国际展览会上首次展出；二是，申请前已在规定的学术会议或技术会议上首次发表；三是，申请前他人未经申请人同意而泄露其内容。

有上述情况的应当在"□"中打钩。如果申请时忘记打钩，以后补交声明是不允许的。

提出上述声明（即在"□"中打钩）的，应当自申请日起2个月内提交有关证明材料，证明材料应当由展览会主办单位、国务院有关主管部门或者组织会议的全国性学术团体出具证明材料中应当注明展览会展出或者会议召开的日期、地点、展览会或会议的名称、该发明创造内容展出或发表的日期、形式和内容，并加盖公章。如果是他人未经申请同意而泄露其内容的，申请人在提出专利申请时或在得知情况后2个月内提出要求不丧失宽限期的声明，并附具证明材料，证明材料中应当注明泄露日期、泄露方式、泄露内容，并由证明人签字或者盖章。

中国政府主办的国际展览会包括国务院、各部委主办或者国务院批准由其他机关或者地方政府举办的国际展览会。中国政府承认的国际展览会是指国际展览会公约规定的由国际展览局注册或者认可的国际展览会。所谓国际展览会，即展出的展品除了举办国的产品以外，还应当有来自外国的展品。

规定的学术会议或者技术会议是指国务院有关主管部门或者全国性学术团体组织召开的学术会议，不包括省以下或者受国务院各部委或者全国性学术团体委托或者以其名义组织召开的学术会议或者技术会议。在后者所述的会议上的公开将导致丧失新颖性，除非这些会议本身有保密约定。

他人未经申请人同意而泄露其内容所造成的公开，包括他人未遵守明示或者默示的保密信约而将发明创造的内容公开，也包括他人用威胁、欺诈或者间谍活动等手段从发明人或者申请人那里得知发明创造的内容而后造成的公开。

尽管有对新颖性的这种宽限规定，但是申请专利以前公开发明创造内容，对发明人、申请人进行专利保护还是很不利的。申请人应当尽量避免在申请以前公开发明创造内容。

（15）第⑳栏：保密请求

本栏只有发明和实用新型专利请求书才有。按照规定，发明和实用新型专利申请涉及国防方面的国家秘密需要保密的，应当向国防专利机构提出申请。如果申请人认为该申请的技术内容可能涉及除国防以外的其他国家重大利益而不宜公开的，可以在本栏勾选，要求保密审查。是否予以保密由专利局经审查后决定。确定保密的，由专利局按照保密专利申请处理，并且通知申请人。保密专利申请以及批准的保密专利在解密以前不向社会公开，也不得向国外申请专利，保密专利的转让和实施除须经专权人同意以外，还必须经决定保密的部门批准。确定保密的申请，必须以纸件方式进行文件的提交和审查。

（16）第㉑栏：同日申请发明专利申请和实用新型专利申请的声明

申请人同日对同样的发明创造既申请发明专利又申请实用新型专利的，应当填写此栏。未作说明的，依照《专利法》第9条第1款关于同样的发明创造只能授予一项专利权的规定处理，即无法通过放弃先获得的且尚未终止的实用新型专利权来获得该发明的专利权。应当注意，该声明只能在申请的同时提出，不能在申请之后提出。提出声明时只需在专利请求书的该栏中选择复选框即可，无须提交单独的声明。

（17）第㉒栏：请求早日公布该专利申请

申请人要求提前公布的，应当填写此栏。若填写此栏，不需要再单独提交发明专利请求提前公布声明表格。

（18）第㉓栏：指定摘要附图

此栏为发明专利请求书特有填写项目，如果申请人提交的专利申请文件中含有说明书附图，在此处指定一幅最能说明该发明技术方案主要技术特征的附图作为摘要附图，在此处填写说明书附图中的一幅附图的编号即可。

（19）第㉔、㉕栏：文件清单

文件清单由申请人填写，专利局负责核对，以证实专利申请文件的完整性，并检查专利申请文件是否还夹带或附有其他文件。

申请人应当在文件清单上填写每一种文件的份数和页数。申请人提交的文件或附件，清单上未列出的，可以补写在后面。原则上，申请人提交的文件都应当为一式一份。

文件提交情况以专利局核实后的文件为准。专利局将专利申请文件核实情况打印在受理通知书上。

当申请涉及核苷酸或氨基酸序列表时，除在专利申请文件的说明书中有该表之外，还应提交计算机可读形式的载体，例如光盘或软盘。

（20）第㉖栏：全体申请人或代理机构签章

签章是文件产生法律效力的基本条件。

申请人是个人的，应当由申请人亲自签字或盖章；申请人是单位的，应当加盖公章。多个申请人的，应当由全体申请人签字或盖章。

委托专利代理机构的，应当由专利代理机构加盖印章，并同时提交有全体申请人签字或盖章的规定格式的专利代理委托书。

签章应当与请求书中填写的申请人或专利代理机构的姓名或名称一致，并且应当清晰、不得使用复印件、扫描件，不得代签。

不符合上述要求的，视为签章手续未履行。例如，请求书由专利代理机构盖章，但未同时提交有效的专利代理委托书的，该手续无效。

（21）当专利请求书中的发明人、申请人、要求优先权的内容填写不下时，应当使用规定格式的附页续写

2.3.2 说明书

（1）一般要求

①说明书应当对发明或者实用新型作出清楚、完整的说明，以所属技术领域的技术人员能够实现为准。也就是说，说明书应当满足充分公开发明或者实用新型的技术方案。

②说明书中要保持用词一致性。要使用该技术领域通用的名词和术语，不要使用行话，但以其特定意义作为定义使用的，不在此限。

③说明书应当使用国家法定计量单位，包括国际单位制计量

单位和国家选定的其他计量单位。必要时可以在括号内同时标注本领域公知的其他计量单位。

④说明书中可以有化学式、数学式，但不能有插图，说明书的附图应当附在说明书后面。

⑤在说明书的题目和正文中，不能使用商业性宣传用语，例如"最新式的……""世界名牌……"；不能使用不确切的语言，例如"相当轻的……""……左右"等；不允许使用以地点、人名等命名的名称，例如"×××式工具"；商标、产品广告、服务标志等也不允许在说明书中出现。

说明书中不允许存在对他人或他人的发明创造加以诽谤或有意贬低的内容。

⑥涉及外文技术文献或无统一译名的技术名词时要在译名后注明原文。

（2）说明书的结构和内容

发明或实用新型专利申请的说明书，除发明或实用新型本身的特殊情况需要以其他方式说明外，通常应当按照下列顺序和要求撰写。

①发明或者实用新型的名称，必须与请求书中的名称一致，应当清楚、简要、全面地反映要求保护的发明或者实用新型的主题和类型（产品或者方法）。例如一件包含拉链产品和该拉链制造方法两项发明的申请，其名称应当写成"拉链及其制造方法"。应当采用所属技术领域通用的技术术语，最好采用国际专利分类表中的技术术语，不得采用非技术术语。字数一般不得超过25个字。特殊情况下，例如化学领域的某些申请，最多可以允许40个字。名称应书写在说明书首页正文的上方居中位置。

②发明或实用新型所属的技术领域，这是正文的第一部分，首先应写明小标题"技术领域"，然后应先用一句话说明要求保护的技术方案所属的技术领域，或直接应用的具体技术领域，而

不能写成上位的或者相邻的技术领域，也不能写成发明或实用新型本身。例如，一项关于挖掘机悬臂的发明，其改进之处是将背景技术中的长方形悬臂截面改为椭圆形截面。其所属技术领域可以写成"本发明涉及一种挖掘机，特别是涉及一种挖掘机悬臂"（具体的技术领域），而不宜写成"本发明涉及一种建筑机械"（上位的技术领域），也不宜写成"本发明涉及挖掘机悬臂的椭圆形截面"或者"本发明涉及一种截面为椭圆形的挖掘机悬臂"（发明本身）。

③第二部分应写明申请人了解的对理解、检索和审查本发明创造有用或有关的背景技术，并且引证反映这些背景技术的文件，客观地指出背景技术存在的问题或不足。申请人首先要写明小标题"背景技术"，然后说明在这里引述的背景技术应当是就申请人所知与发明最接近的背景技术。此外对背景技术存在的问题或不足不需要全面论述，仅需指出申请人的发明所要解决的问题或不足，可能的情况下可以说明前人为解决这些问题曾经遇到的困难。

④第三部分应写明发明或实用新型的内容，说明所要解决的技术问题、解决该技术问题所采用的技术方案和取得的有益效果。首先写明小标题"发明内容"，并且应当和上一部分相呼应，针对上面的背景技术存在的问题或不足，用正面的、尽可能简洁的语言客观而有根据地反映发明或者实用新型要解决的技术问题，也可以进一步说明其技术效果。一件专利申请的说明书可以列出发明或者实用新型所要解决的一个或者多个技术问题，但是同时应当在说明书中描述解决这些技术问题的技术方案。当一件申请包含多项发明或者实用新型时，说明书中列出的多个要解决的技术问题应当都与一个总的发明构思相关。

接着，应当清楚、完整地写出发明或实用新型的技术方案，使所属技术领域的普通技术人员能够理解该技术方案，并能够利用该技术方案解决所提出的技术问题，达到发明或实用新型的目的。技术方案是各种技术措施的有机组合，而技术措施一般是用技术特征来体现的。所以清楚、完整地写出发明或实用新型的技术方案，就是用若干技术特征的有机结合来限定发明。

在技术方案这一部分，至少应当反映包含全部必要技术特征的独立权利要求的技术方案，还可以给出包含其他附加技术特征的进一步改进的技术方案。

然后，要写明发明或实用新型同现有技术相比所具有的优点、特点或积极效果，可以从方法或者产品的性能、成本、效率、使用寿命、材料、能源消耗、操作方便安全或减少环境污染等诸方面进行比较。评价应当客观、公正，不应恶意贬低现有技术。

优点、特点或积极效果的结论可以通过对发明同现有技术的技术特征对比分析得出，也可以通过统计资料或实验数据得出，但是不得采用不实语言进行欺骗或者作无根据的断言。

⑤第四部分应首先要写明小标题"附图说明"，并写明对附图的图面说明。如必须用图来帮助说明发明的技术内容时，应有附图（实用新型必须有附图），而且应对每一幅图作介绍性说明，一般用"图 1 是……""图 2 是……"的方式进行简要说明即可。例如："图 1 是本发明主振时钟电路的线路图""图 2 是电路中控制端 A 的电压波形图"。说明书无附图的，说明书文字部分就不应包括附图说明及相应的小标题。

⑥第五部分应首先要写明小标题"具体实施方式"，然后详细描述申请人认为实施发明或实用新型的具体实施方式，列出与发明要点有关的参数及条件；有附图的应当对照附图加以说明；描述中不能隐瞒任何实质性的技术要点；如必要时，在权利要求保护范围比较宽的情况下和难以从理论分析或者根据实践经验判断发明的适用范围的情况下，应当列举多个实施例，特别有关化

学物质的发明通常都要列举几个甚至几十个实施例。通过对具体实施方式的描述使所属技术领域的技术人员能够根据此内容实施发明创造，并且使独立权利要求中每一个技术特征的内容明确，并得到说明书的支持。

值得注意的是，应当在说明书的每一部分第一行前面写明小标题"技术领域""背景技术""发明内容""附图说明""具体实施方式"，然后空两格起正文写明具体内容。

发明如果是涉及新的生物材料方面的，专利申请文件的请求书和说明书中应当写明该生物材料的特征和分类命名并注明拉丁文名称，保藏该生物材料样品的单位名称、地址、保藏日期和保藏编号。

涉及核苷酸或者氨基酸序列的申请，应当将该序列表作为说明书的一个组成部分，但是要进行单独编页码；申请人应当在申请的同时提交与该序列表内容相一致的计算机可读载体，例如光盘或软盘，该光盘或软盘应当符合国家知识产权局的有关规定。该光盘或软盘中记载的序列表与说明书中的序列表不一致的，以说明书中的序列表为准。

⑦说明书附图。附图是说明书的一个组成部分，附图是用来补充说明说明书中的文字部分的，使人能够直观、形象地理解发明或实用新型的每个技术特征和整个技术方案。发明说明书根据内容需要，可以有附图，也可以没有附图。实用新型说明书必须有附图。附图和说明书中对附图的说明要图文相符。文中提出附图，而实际上却没有提交或少交附图的，将可能影响申请日。附图的形式可以是基本视图、斜视图、剖视图，也可以是示意图或流程图。只要能完整、准确地表达说明书的内容即可。附图不必画成详细的工程加工图或装配图。复杂的图表一般也作为附图处理。

有关附图的具体要求如下。

a. 附图用纸规格与说明书一致，并应采用专利局统一制定的表格。

b. 附图的大小及清晰度，应当保证在该图缩小到三分之二时，仍能清楚地分辨出图中的各个细节，以能够满足复印、扫描的要求为准。几幅附图可以绘制在一张纸上。一幅总体图可以绘制在几张纸上，但应当保证每一张上的图都是独立的，而且当全部图纸组合起来构成一幅完整总体图时又不互相影响其清晰度。

c. 附图应当使用包括计算机在内的制图工具和黑色墨水绘制。线条应当均匀清晰、足够深，适合复印和扫描的要求。不得着色和涂改，不得使用工程蓝图。

d. 同一附图中应当采用相同比例绘制。发明创造的关键部位，或者为了表明与现有技术的差别，可以绘制局部放大图和剖视图等，以便使这些关键部位得以清楚显示。

e. 图形应当尽量垂直布置，如要横向布置时，图的上部应当位于图纸的左边。

f. 具有多幅附图的，应当连续编号，标明"图1""图2"等，并按照顺序排列。如有几张图纸的，应当在图纸的下部边缘正中单独标明页码。

g. 为了标明图中的不同组成部分，可以用阿拉伯数字作出标记。附图中作出的标记应当和说明书中的标记一一对应。申请文件各部分中表示同一组成部分的标记应当一致。发明或实用新型说明书文字部分未提及的附图标记不得在附图中出现，附图中未出现的附图标记不得在说明书文字部分中提及。

h. 附图中除必需的词语外，不得含有其他注释。附图中的词语应当使用中文，必要时，可以在其后的括号里注明原文。流程图、框图也属于附图，应当在其框内给出必要的文字和符号。一般不得使用照片作为附图，但特殊情况下，例如，显示金相结构、组织细胞或者电泳图谱时，可以使用照片贴在图纸上作为附图。物件的尺寸一般不必在附图中标出，除非该尺寸的大小涉及发明本身，需在说明书中对该尺寸的大小作专门的阐述。

2.3.3 说明书摘要

摘要是发明或实用新型说明书内容的简要概括。编写和公布摘要的主要目的是方便公众对专利文献进行检索，方便专业人员及时了解本行业的技术概况。摘要的内容不属于发明或者实用新型原始记载的内容，不能作为以后修改说明书或者权利要求书的根据，也不能用来解释专利权的保护范围。摘要仅是一种技术信息，它不具有法律效力。

（1）摘要应当写明发明或实用新型的名称、所属技术领域，并清楚地反映所要解决的技术问题、解决该技术问题的技术方案的要点以及主要用途，其中以技术方案为主。不得有商业性宣传用语和过多的对发明创造优点的描述。

（2）摘要中可以包含有最能说明发明创造技术特征的数学式、化学式。发明创造有附图的，应当指定并提交一幅最能说明发明创造技术特征的图，作为摘要附图。摘要附图应当画在专门的摘要附图页上。发明新申请的摘要附图也可以在说明书附图中选择一幅进行指定，并在发明专利请求书中进行标注。

（3）摘要的文字部分（包括标点符号）不得超过 300 个字，摘要附图的大小和清晰度，应当保证在该图缩小到 4 厘米 ×6 厘米时，仍能清楚地分辨出图中的各个细节。

2.3.4 权利要求书

我国《专利法》规定：专利权的保护范围以被授权的权利要求的内容所限定的范围为准。权利要求书是专门记载权利要求的文件，它包含由一项或多项权利要求。

（1）对于权利要求书的一般要求

①权利要求书的文字书写、纸张要求与说明书相同，也应当

使用国家知识产权局制定的统一表格。

②权利要求书是一个独立文件，应与说明书分开书写，单独编页。

③权利要求书中使用的技术术语应与说明书中一致。权利要求书中可以有化学式、数学式，但不能有插图。除非绝对必要，不得引用说明书和附图，即不得用"如说明书中所述的……"或"如图3所示的……"的方式撰写权利要求。

④权利要求书应当以说明书为依据，以技术特征来清楚、简要地限定请求保护的范围。其中的技术特征可以引用说明书附图中相应的附图标记，这些附图标记应当置于方形或圆形的括号中，如"……电阻〔1〕与比较器〔12〕的输出端〔16〕相连接……"

⑤权利要求分两种：独自记载或反映发明或实用新型的基本技术方案，记载实现发明目的必不可少的技术特征的权利要求称为独立权利要求；引用独立权利要求或者别的权利要求，并用附加的技术特征对它们作进一步限定的权利要求称为从属权利要求。

⑥一项发明或者实用新型应当只有一项独立权利要求。属于一个总的发明构思、符合合案申请要求的几项发明或实用新型可以在一件发明或者实用新型专利申请中提出，这时权利要求书中可以有两项以上的独立权利要求。每一个独立权利要求可以有若干个从属权利要求。有多项权利要求的应当用阿拉伯数字顺序编号。编号时独立权利要求应当排在前面，它的从属权利要求紧随在后面。

（2）权利要求书的写法

①一项权利要求要用一句话表达，中间可以有逗号、顿号、分号，但不能有句号，以强调其意思不可分割的整体性和独立性。

②权利要求书起始端不用书写发明或实用新型名称，可以直

接书写第 1 项独立权利要求，它的从属权利要求从序号 2 往下顺序排列。发明或实用新型有两项以上独立权利要求的，各自的从属权利要求应分别写在各独立权利要求之后。

③独立权利要求应当分两部分撰写：前序部分和特征部分。

前序部分：写明要求保护的发明或者实用新型技术方案的主题名称和该项发明或者实用新型与最接近的现有技术共有的必要技术特征。

特征部分：写明发明或者实用新型区别于最接近的现有技术的技术特征，这些特征和前序部分中的特征一起，限定发明或者实用新型要求保护的范围。特征部分应紧接前序部分，用"其特征是……"或者"其特征在于……"等类似用语与上文连接。

独立权利要求的前序部分和特征部分应当包含发明或者实用新型的全部必要技术特征，共同构成一个完整的技术解决方案，同时限定发明或实用新型的保护范围。例如以下。

"1. 一种往移动材料上涂覆胶合剂的间隙式胶合剂喷涂装置，（权利要求 1 一开始就说明了发明要求保护的主题名称）该装置有一个可以开关的喷嘴〔2〕，在其后面有一个紧靠着的阶梯形台阶〔9〕，（这两个特征是这项发明与最接近的现有技术共有的必要技术特征）其特征在于（特征部分的连接语）所述阶梯形台阶〔9〕上钻有一个倾斜孔〔10〕，该倾斜孔〔10〕与一个负压源相接通。（这两个特征是这项发明区别于最接近现有技术的技术特征）"

上述权利要求中并没有列出喷涂装置的所有技术特征，例如行走机构、控制机构和机架等。因为它们是现有技术，并且同发明提出的技术解决方案没有直接的技术关系，所以不必一一列出，只要写出发明要求保护的主题名称"一种往移动材料上涂覆胶合剂的间隙式胶合剂喷涂装置"，本领域的普通技术人员就会明白，这些技术特征不言而喻地应当包括在内。

④从属权利要求也应分两部分撰写：引用部分和限定部分。

引用部分：写明被引用的权利要求的编号及发明或实用新型主题名称，例如"根据权利要求 1 所述的间隙式胶合剂喷涂装置……"

限定部分：写明发明或者实用新型附加的技术特征。它们是对在前的权利要求（独立权利要求或者从属权利要求）中的技术特征进行限定。

从属权利要求的引用部分，只能引用排列在前的权利要求。同时引用两项以上权利要求时，只能以择一方式引用在前的权利要求，例如"根据权利要求 1 或 2 所述的间隙式胶合剂喷涂装置，其中，……"这样的权利要求称为多项从属权利要求。一项多项从属权利要求不能作为另一项多项从属权利要求的引用基础。

⑤同一构思的多项发明或实用新型可以合案申请，因而可能存在多项独立权利要求。这时应当确定一项为主要的，作为第一独立权利要求，其他独立权利要求排在后面作为并列独立权利要求。例如，一项产品发明和制造该产品的方法发明可以合案申请，这时一般常常把产品作为权利要求 1，其后跟随若干个产品的从属权利要求，例如权利要求 2、权利要求 3 等，然后再依次排列方法独立权利要求和方法的从属权利要求。

⑥权利要求书应当以说明书为依据，其中的权利要求应当得到说明书的支持，其限定的保护范围应当与说明书中公开的内容相适应。

2.3.5 外观设计图片、照片

申请外观设计专利的，要就每件外观设计产品提交不同侧面或者状态的图片或照片，以便清楚、完整地显示请求保护的对象。图片或者照片应当清楚地显示要求专利保护的产品的外观设计。申请人请求保护色彩的，应当提交彩色图片或者照片。一般情况下应有六面视图（主视图、仰视图、左视图、右视图、俯视图、后视图），必要时还应有剖视图、剖面图、使用状态参考图和立体图。图片、照片要符合下列要求。

（1）图片

①外观设计图片的用纸规格应当与请求书的一致，应当使用国家知识产权局规定的统一格式。

②图片的大小不得小于 3 厘米×8 厘米，也不得大于 15 厘米×22 厘米。图片的清晰度应保证当图片缩小到三分之二时，仍能清楚地分辨出图中的各个细节。

③图片可以使用包括计算机在内的制图工具和黑色墨水绘制，但不得使用铅笔、蜡笔、圆珠笔绘制。图形线条要均匀、连续、清晰、适合复印或扫描的要求。

④图形应当垂直布置，并按设计的尺寸比例绘制。横向布置时，图形上部应当位于图纸左边。

⑤图片应当参照我国技术制图和机械制图国家标准中有关正投影关系、线条宽度以及剖切标记的规定绘制，并以粗细均匀的实线表达外观设计的形状。不得以阴影线、指示线、虚线、中心线、尺寸线、点划线等线条表达外观设计的形状。可以用两条平行的双点划线或自然断裂线表示细长物品的省略部分。图面上可以用指示线表示剖切位置和方向、放大部位、透明部位等，但不得有不必要的线条或标记。图形中不允许有文字、商标、服务标志、质量标志以及近代人物的肖像。文字经艺术化处理可以视为图案。

⑥几幅视图最好画在一页图纸上，若画不下，也可以画在几张纸上。有多张图纸时应当顺序编上页码。各向视图和其他各种类型的图，都应当按投影关系绘制，并注明视图名称。

⑦几类特殊类型产品的外观设计绘制要求。

a. 组合式产品，如组合音响设备、组合玩具，应当绘制组合状态下的六面视图，以及每一单件的立体图。

b. 可以折叠的产品，如折叠椅、折叠车，不但要绘制六面视图，同时还要绘制使用状态的立体参考图。使用状态可以用虚线画出。

c. 内部结构较复杂的产品，如电视机、电动机等，绘制剖视图时，可以将内部结构省略，只给出请求保护部分的图形。

d. 圆柱型或回转型产品，如罐头或茶杯外表的图案，为了表示图案的连续，应绘制图案的展开图。

⑧请求保护色彩的外观设计专利申请，提交的彩色图片应当用广告色绘制。色彩和纹样复杂的产品，如地毯等的色彩与纹样，要使用彩色照片。

绘制彩色图片的纸张，应用较厚的绘图纸绘制后粘贴到标准表格上。

⑨当产品形状较为复杂时，除画出视图外，还应当提交反映产品立体形状的照片。

（2）照片

①对外观设计照片的尺寸要求与图片相同。

②照片应当图像清晰、反差适中，要完整、清楚地反映所申请的外观设计。

③照片中的产品通常应当避免包含内装物或者衬托物，但对于必须依靠内装物或者衬托物才能清楚地显示产品的外观设计时，则允许保留内装物或者衬托物。背景应当根据产品阴暗关系，处理成白色或灰黑色。彩色照片中的背衬应与产品成对比色调，以便分清产品轮廓。

④关于特殊类型的产品的外观设计，应当提交的照片要求，请参照图片要求的第⑦条。

⑤照片不得折叠，并应当按照视图关系将其粘贴在外观设计

图片或照片的表格上。图的左侧和顶部最少留 2.5 厘米，右侧和底部留 1.5 厘米空白。

2.3.6　外观设计简要说明

外观设计专利权的保护范围以表示在图片或者照片中的该产品的外观设计为准，简要说明可以用于解释图片或者照片所表示的该产品的外观设计。外观设计的简要说明应当写明外观设计产品的名称、用途、设计要点，并指定一幅最能表明设计要点的图片或者照片。简要说明是提交外观专利申请时必要的文件，如果未提交简要说明，专利局将不予受理。

简要说明不得有商业性宣传用语，也不能用来说明产品的性能和内部结构。简要说明应当包括下列内容：

（1）外观设计产品的名称。简要说明中的产品名称应当与请求书中的产品名称一致。

（2）外观设计产品的用途。简明说明中应当写明有助于确定产品类别的用途。对于具有多种用途的产品，简要说明应当写明所述产品的多种用途。

（3）外观设计的设计要点。设计要点是指与现有设计相区别的产品的形状、图案及其结合，或者色彩与形状、图案的结合，或者部位。对设计要点的描述应当简明扼要。

（4）指定一幅最能表明设计要点的图片或者照片。指定的图片或者照片用于出版专利公报。

此外，下列情形应当在简要说明中写明：

（1）请求保护色彩或者省略视图的情况。如果外观设计专利申请请求保护色彩，应当在简要说明中声明。

如果外观设计专利申请省略了视图，申请人通常应当写明省略视图的具体原因，例如因对称或者相同而省略；如果难以写明的，也可以仅写明省略某视图，例如大型设备缺少仰视图，可以写为"省略仰视图"。

（2）对同一产品的多项相似外观设计提出一件外观设计专利申请的，应当在简要说明中指定其中一项作为基本设计。

（3）对于花布、壁纸等平面产品，必要时应当描述平面产品中的单元图案两方连续或者四方连续等无限定边界的情况。

（4）对于细长物品，必要时应当写明细长物品的长度采用省略画法。

（5）如果产品的外观设计由透明材料或者具有特殊视觉效果的新材料制成，必要时应当在简要说明中写明。

（6）如果外观设计产品属于成套产品，必要时应当写明各套件所对应的产品名称。

（7）新开发的产品，特别对在《国际外观设计分类表》（《洛迦诺分类表》）中尚没有的，要在简要说明中写明产品的使用方法和目的，以便明确保护类别和补充分类表。

2.4 专利申请的提交和受理

2.4.1 专利申请的受理部门

专利局的受理部门包括专利局受理处和专利局下辖的各地方代办处。专利局受理处负责受理各类专利申请及其他有关文件，各代办处按照专利局相关规定受理某些专利申请及其他有关文件。专利复审委员会可以受理与复审和无效宣告请求有关的文件。

申请人申请专利时，应当将专利申请文件提交给专利局的上述受理部门。申请人误将专利申请文件提交给其他机关、单位或个人的，在专利审批程序中均不产生法律效力。

专利局代办处设立在全国的各个省市。专利局受理处和上述各地方代办处的地址及其和业务工作范围，由专利局以公告形式向公众发布。

此外，国防专利局专门受理国防专利申请。向专利局提交的涉及国防秘密的申请，将由专利局移送国防专利局。

2.4.2　专利申请文件的提交

申请人申请专利或办理其他手续的，可以将专利申请文件或其他文件面交给专利局的受理窗口或上述任何一个代办处，也可以邮寄给专利局受理处或上述代办处。在提交文件时应注意下列事项。

（1）向专利局提交专利申请文件或办理各种手续的文件，应当使用国家知识产权局统一制定的表格，除另有规定外，专利申请文件提交一式一份即可。

（2）一张表格只能用于一件专利申请。例如：一张发明专利请求书只能填写一件发明，一张意见陈述书只能就一件专利申请陈述意见。不得将几件申请的陈述意见或几件发明填写在一张意见陈述书或一张发明专利请求书上。

（3）对于向专利局提交的各种文件，申请人都应当留存底稿，以保证申请审批过程中文件填写的一致性，并可据此作为答复审查意见时的参照。

（4）采用邮寄方式提交专利申请文件的，应当使用挂号信。无法用挂号信邮寄的，可以用邮局特快专递邮寄，不得以包裹形式邮寄专利申请文件。挂号信函上除写明专利局或者专利局代办处的详细地址（包括邮政编码）外，还应当写明"国家知识产权局专利局受理处收"或"国家知识产权局专利局××代办处收"的字样。使用邮局方式递交的专利申请文件以信封上的邮戳日为提交日。专利申请文件可以通过快递公司递交，但是通过快递公司递交专利申请文件以专利局受理处以及各代办处实际收到日为提交日。

一封挂号信内最好只装同一件申请的专利申请文件或其他文件。邮寄时，申请人应当请邮局工作人员盖清邮戳日，并应妥善保管好收据存根。由于邮局的邮戳日是确定申请日或提交日的基础，因此申请人在邮寄时要核查一下邮局的邮戳日是否盖清楚。由于邮票的表面比较光滑，邮戳上的日期若盖在邮票表面上，容易被磨擦掉，因此，最好使邮戳上的日期位于邮票表面之外。

（5）专利局在受理专利申请时不接收样品、样本或模型。在后续的审查程序中，申请人应审查员要求提交样品或模型时，如果在专利局受理窗口当面提交，则应当出示审查意见通知书；如果是邮寄，则应当在邮件上写明"应审查员×××（姓名）要求提交模型"的字样。

（6）在中国没有经常居所或者营业所的外国人、外国企业或外国组织，以及在国外长期居住或工作的中国人申请专利时，应当委托依法设立的专利代理机构办理。上述申请人不得直接向专利局邮寄或递交专利申请文件。

香港、澳门、台湾地区的单位或个人申请专利的，也应按规定委托依法设立的专利代理机构办理，不得直接向专利局邮寄或递交专利申请文件。

2.4.3　专利申请的受理和受理条件

专利申请提交到专利局受理处或各地方代办处，首先应进行是否符合受理条件的审查。对符合受理条件的申请，专利局将确定申请日，给予申请号，并在核实文件清单后，发出受理通知书、缴纳申请费通知书或费用减缓审批通知书，通知申请人。申请人在收到通知书后，应当确认通知书中的文件清单是否有误。并按通知书中的规定缴纳费用。

专利申请有下列情况之一的，专利局不予受理并通知申请人。

（1）发明专利申请缺少请求书、说明书或者权利要求书的；实用新型专利申请缺少请求书、说明书、说明书附图或者权利要求书的；外观设计专利申请缺少请求书、图片或者照片、或者简要说明的。

（2）未使用中文的。

（3）专利申请文件未打字、印刷，或者字迹不清、有涂改的；附图或外观设计图片未使用绘图工具和黑色墨水绘制，或者模糊不清、有涂改的。例如：用铅笔绘制的附图和图片、模糊不清的照片是不能受理的。专利申请文件中字迹或线条不清晰，无法辨认其内容，或者说明书附图、图片或者照片是用铅笔或易擦除的笔绘制的，不予受理。

（4）请求书中缺少申请姓名或者名称，或者缺少地址的。

（5）外国申请人因国籍或者居所原因，明显不具有提出专利申请资格的。

（6）在中国内地没有经常居所或者营业所的外国人、外国企业或者外国其他组织作为第一署名人，没有委托专利代理机构的。

（7）在中国内地没有经常居所或者营业所的香港、澳门或者台湾地区的个人、企业或者其他组织作为第一署名人，没有委托专利代理机构的。

（8）直接从外国向专利局邮寄的。

（9）直接从香港、澳门或者台湾地区向专利局邮寄的。

（10）专利申请类别（发明、实用新型或者外观设计）不明确或者难以确定的。

（11）分案申请改变申请类别的。

专利申请文件中的有些缺陷不影响受理。例如：（1）请求书中漏填发明名称、发明人姓名的；（2）请求书中没有签章，或者签章不产生法律效力的，如由专利代理机构签章，但没有同时提交专利代理委托书。以上缺陷可以在初步审查阶段补正，但是申请人应当尽量避免出现这些缺陷，因为补正过程常常拖长审查程序。在申请前花几分钟可以解决的问题，通过补正往往会使审查程序拖延几个月的时间。

对申请人面交专利局受理处或各地方代办处的专利申请文件，受理处或代办处工作人员当时就对申请是否符合受理条件进行审查，符合受理条件的当场办理受理手续；不符合受理条件的，专利局当时就把专利申请文件退还申请人，并说明不受理的理由。向专利局寄交专利申请文件的，专利局会及时向申请人或代理机构发出受理通知书或者不受理通知书。超过2个月尚未收到专利局的通知的，申请人应当及时向专利局查询，查询电话为010－62356655，以免专利申请文件或通知书在邮寄中丢失。

2.4.4　申请日的确定和申请号的给予

受理程序中最重要的法律手续有两项：一是决定申请能否受理，二是确定被受理的申请的申请日并给予申请号。

（1）申请日的确定

申请日有十分重要的法律意义：①申请日确定了提交申请时间的先后。按照先申请原则，如果两个以上的申请人分别就同样的发明创造申请专利，则专利权授予最先申请的人。②申请日是确定现有技术或现有设计的时间点。现有技术是指申请日以前在国内外为公众所知的技术。现有设计是指申请日以前为国内外公众所知的设计。现有技术的状况直接决定该专利申请是否能被授予专利权。③申请日是审查程序中许多法定期限的起算点。

向专利局受理处或者代办处窗口直接递交的专利申请，以收到日为申请日；通过邮局邮寄递交到专利局受理处或者代办处的专利申请，以信封上的寄出邮戳日为申请日；寄出邮戳日不清晰导致无法辨认的，以专利局受理处或者代办处收到日为申请日。

通过速递公司递交到专利局受理处或者代办处的专利申请，以收到日为申请日。邮寄或者递交到专利局非受理部门或者个人的专利申请，其邮寄日或递交日不具有确定申请日的效力，如果该专利申请被转送到专利局受理处或者代办处，以受理处或者代办处实际收到日为申请日。分案申请以原申请的申请日为申请日，并在请求书上记载分案申请递交日。

（2）申请日的更改

申请日确定后，不能随便更改。仅在两种情况下允许更改申请日：

①由于邮戳不清，以专利局收到日为申请日的，或者申请人认为专利局确定的申请日有误时，申请人可以提交意见陈述书并提供寄出专利申请文件的挂号收据或邮局证明，要求专利局予以改正的。专利局经查证核实后，符合规定的，可以更改申请日。

②对于已经提交的专利申请，申请人自己或者经专利局初步审查发现，说明书中写有附图的说明，但实际未交或少交、漏交附图的，在指定期限内补交附图。按规定补交附图的，以附图的最终提交日确定为该申请的申请日。

凡更改申请日的，专利局应及时通知申请人。

（3）申请号的给予

申请号是给予每一件被受理的专利申请的代码，它与专利申请一一对应。所以，申请号是申请人在提出申请之后向专利局办理各种手续时，指明该申请的最有效手段。

在2003年10月1日前，我国的专利申请号由9位数字（包括字符）组成。它分为四段：例如：97101765.4，第一段为前两位，表示提交专利申请的年份，如"97"表示1997年提出的申请。第二段由第三位数字组成，表示专利申请的种类，"1"表示发明；"2"表示实用新型；"3"表示外观设计；"8"表示PCT国际申请进入国家阶段的发明专利申请；"9"表示PCT国际申请进入国家阶段的实用新型专利申请。PCT 国际申请没有外观设计申请。）第三段由五数字组成，表示当年该类申请的序号数，如"01765"表示当年第 1765 件申请。第四段由小圆点后的一位数字或符号组成，是计算机校验位，它可以是 0～9 任一数字，也可以是字符 X。共有 11 种校验位符号，如上例中的"4"。

从 2003 年 10 月 1 日起，根据国家知识产权局《专利申请号标准》公告（第 92 号）规定，开始使用 13 位（包含校验位）的申请号，前 4 位阿拉伯数字表示年代，第 5 位阿拉伯数字表示专利申请种类，第 6～12 位阿拉伯数字表示流水号，第 13 位阿拉伯数字表示校验位，在第 12 位和第 13 位阿拉伯数字之间有实心圆点作为分隔符。

专利局将确定的申请日，给予的申请号记录在受理通知书上，通知申请人。

2.4.5 受理通知书和受理文件的法律效力

受理通知书的主要内容和作用如下：

（1）正式确认申请人提交的专利申请符合受理条件，作出予以受理的决定，所以受理通知书可以作为曾向专利局提出某项专利申请的一种证明。

（2）将专利局确定的申请日和给予的申请号通知该项专利申请的申请人。这对申请人办理以后的各种手续是十分重要的两项数据，将会多次用到，申请人应当认真核对。例如，申请发明的，应核对申请号是否是发明类的，如果专利局错给成实用新型和外观设计的申请号，则应当及时向专利局提出更正的请求。

（3）受理通知书中记载有经专利局核实的申请文件清单。这是申请人向专利局提交了哪些文件的证明。

受理是一项重要的法律程序。专利申请被受理以后，从受理之日起就成为在专利局正式立案的一件正规国家申请，并且至少将产生以下的法律效力：

（1）在该申请被公布后，将阻止任何在其申请日以后就同样的内容申请专利的申请人获得专利权。

（2）无论该申请被受理以后的命运如何，除法律另有规定的以外，发明和实用新型在 12 个月内，该被受理的首次申请可以作为该申请人另一件后期提出的申请要求外国或者本国优先权的基础。外观设计 6 个月内就相同主题向外国申请的，首次被受理的申请可以作为申请要求外国优先权的基础。

（3）该申请的专利申请文件从被受理之日起，可以作为申请人要求专利申请文件副本的依据。申请人可以按规定的手续，要求专利局出具申请文件副本。

（4）该专利申请文件是申请人在后续的审查程序中进行修改的基础。即申请人对专利申请的修改不得超出受理时的说明书和权利要求书记载的范围，或者超出受理时的外观设计图片或照片的范围。

2.5　向外国申请专利前的保密审查

发明或者实用新型专利申请的实质性内容是在中国国内完成的，专利申请人准备向中国国家知识产权局专利局提交专利申请后再向国外提交专利申请的，专利申请人应当向中国国家知识产权局专利局提出向外国申请专利前的保密审查请求，经审查同意后才能向国外申请专利。如果未经审查同意，专利申请人就向外国申请专利的话，该专利申请可能不会被授予专利权或者即使被授予专利权他人也可以向复审委员会提出无效宣告请求。外观专利申请可以直接向国外申请专利，不需要进行向外国申请专利前的保密审查。

2.5.1　提出向外国申请专利保密审查请求的时机

专利申请人可以在申请专利的同时或之后提交向外国申请专利保密审查请求书，向中国国家知识产权局专利局提出保密审查请求。

申请专利的同时提交的，专利局会在进行受理审查的同时进行向外国申请专利的保密审查，并与受理通知书同时发出向外国申请专利保密审查意见通知书。如果保密审查意见通知书中通知同意申请人向外国申请专利的，申请人可以在发文日当天或者之后向国外提交专利申请。建议有向外国申请意向或计划的专利申请人在申请专利的同时提交向外国申请专利保密审查请求书，以便更早地获得最终的审查结论，不影响向国外申请的策略。

2.5.2　办理的形式

向外国申请专利保密审查请求书的提交方式应当与专利申请的提交方式保持一致，即纸件申请应当以纸件形式提交，电子申请应当以电子形式提交。

2.5.3　向外国申请专利保密审查请求书

专利申请人提交的向外国申请专利保密审查请求书应当使用专利局统一制定的表格。申请专利同时提交的，应当填写本表第④、⑤和⑫栏；申请专利之后提交的，应当填写本表第④、⑤、⑥和⑫栏。栏目中填写的内容应当与发明或者实用新型专利请求书中的保持一致，另外需要注意的是第⑤栏只须填写第一署名申请人即可。除以上栏目外，其余栏目均不需要填写。

2.5.4　其他注意事项

除上述内容外，提出向外国申请专利保密审查请求还有以下几点需要专利申请人注意。

（1）向外国申请专利保密审查不需要缴纳任何费用。

（2）专利申请人收到向外国申请专利保密审查意见通知书的期限是专利申请提交日起4个月，如果通知书中的审查结论是"暂缓"，最终的审查结论会通过向外国申请专利保密审查决定告知专利申请人，专利申请人收到该决定的时间是专利申请提交日起6个月。如果专利申请人未收到相应的通知可以向专利局咨询。

（3）除申请专利的同时或之后提出向外国申请专利保密审查的方式外，专利局还提供另外两种请求的方式：一是以技术方案形式单独直接向外国申请专利提出保密审查请求；二是向专利局提交专利国际申请的，视为同时提出了保密审查请求，申请人可以根据自己的申请策略选择适合自己的方式。

第 3 章 专利电子申请实务

目前提交专利电子申请有两种方式：通过电子申请客户端提交或通过在线业务办理平台提交。专利局电子申请系统于 2004 年 3 月正式开通。适应电子审批系统的电子申请客户端于 2010 年 2 月 10 日上线运行。电子申请系统 365 天×24 小时开通，包括国庆节、元旦、春节等节假日。在线业务办理平台于 2016 年 11 月上线。

中国专利电子申请网的网址是 http：//cponline. cnipa. gov. cn，是社会公众了解电子申请相关信息和最新动态的主要途径，也是面向电子申请用户提供的全方位综合信息服务平台。社会公众访问电子申请网站可以了解电子申请相关的新闻动态、重要通知公告，学习电子申请使用流程，了解电子申请相关的法律法规和相关规范，下载电子申请有关的表格，还可以通过在线交流功能实现有关专利电子申请的实时交流和沟通。

3.1 专利电子申请用户注册

使用专利电子申请系统的提交申请的，应当先注册成为电子申请用户。电子申请用户注册手续应当在电子申请网站办理。注册请求人通过电子申请网站自助注册成为电子申请用户。

3.1.1 注册的相关规定

注册请求人是个人的，应当使用身份证号注册；注册请求人是法人的，应当使用统一社会信用代码或组织机构代码证号注

册；注册请求人是专利代理服务机构的，应当使用专利代理服务
机构注册号注册。系统将以回执的形式返回注册结果、用户名和
密码，不再发出纸件形式注册审批通知书。

如使用其他证件号码注册的（例如护照、军官证、营业执照
等），只能注册成为临时电子申请用户，还需将相关证明文件邮
寄到专利局办理正式用户注册手续，文件上注明临时电子申请用
户账号。注册请求应当提交的相关证明文件主要是指：注册请求
人是个人的，应当提交由本人签字或者盖章的身份证明文件复印
件；注册请求人是单位的，应当提交加盖单位公章的企业营业执
照或者其他资质证明文件复印件。

邮寄地址：北京市海淀区蓟门桥西土城路 6 号国家知识产权
局专利局受理处

邮编：100088

3.1.2 注册步骤

（1）打开中国专利电子申请网（http：//cponline. cnipa. gov.
cn），在页面的右上方，单击"注册"，如图 3 - 1 所示。

图 3 - 1 中国专利电子申请网首页

（2）在新弹出的页面上，仔细阅读《专利电子申请系统用户注册协议》，阅读完成后，勾选"同意以上声明"，单击"提交"按钮，进入注册业务办理页面。

（3）在注册业务办理页面，根据实际情况，选择注册类型。这里以个人注册为例，首先注册类型选择"个人注册"，在打开的个人注册页面输入相关的信息。

（4）按照系统的要求输入姓名、国籍或国家（地区）、证件类型、证件号码、经常居所或营业所所在地、邮政编码、省/直辖市、市/区/县、详细地址、密码、电子邮箱、手机号码、固定号码、提示方式和数字证书方式等。其中，红色标签对应的是必填项。这里需要说明的是，个人用户注册应当使用身份证号码进行注册，系统将核对身份证号码与姓名是否一致，若一致，则允许用户注册成为正式用户。个人注册界面如图3-2所示。

图3-2　个人注册

提示方式指的是专利局提供的发文提醒服务，勾选手机短信提示并填写了手机号码的，在通知书发文日当日，将有手机短信提示发送至该手机号码，提示用户及时接收通知书；勾选了电子邮箱提示并填写了电子邮箱地址的，在通知书发文日当日，将有电子邮件提示发送至该电子邮箱，提示用户及时接收通知书。还需要提醒电子申请用户注意的是，电子邮箱是用户找回密码的唯一途径，填写的电子邮箱应当真实有效。

对于无法提供身份证号的，可以在证件类型栏选择"其他证件"，并根据提示分别输入证件名称和证件号码，系统将对使用其他证件注册的用户，生成临时用户代码。注册人还需要邮寄由本人签字或者盖章的身份证明文件复印件至专利局，由专利局审查后给予正式的用户代码。

如果以法人类型注册的，应当首先在页面最上方选择"法人注册"，待系统打开法人注册的页面后，输入相关信息。需要注意的是：使用组织机构代码或者统一社会信用代码注册的用户，将获得系统自动分配的正式电子申请账户。使用营业执照注册号和其他证件号码注册的用户，将获得临时账户，都需要邮寄注册材料至专利局办理正式的用户注册手续。

对于法人注册的用户，还需要填写联系人姓名、邮政编码、详细地址、电子邮箱、固定电话、手机号码等信息。其中，联系人姓名、邮政编码、详细地址是必填项。

如果是代理服务机构注册，应当首先在页面最上方选择"代理机构注册"，待系统打开代理机构注册的页面后，输入相关信息。由于在线业务办理平台与国家知识产权局专利代理管理系统进行了关联，注册人输入5位代理机构注册证号后，系统自动将提取并显示相关代理机构信息。需要注意的是，如果有分支机构等情况需要使用USBKEY的，目前仍需要到专利局受理大厅或专利代办处当面办理。

（5）所有注册信息填写完成并通过校验后，单击"提交"按钮，系统将返回注册结果。注册成为正式用户的，系统将以电子形式的"专利电子申请用户注册审批通知单"反馈用户账号和用户密码，提示注册请求人注册完成后使用用户账号、密码登录对外服务模块，并可以在"数字证书管理"栏下载和安装数字证书，电子申请用户应当妥善保管用户密码和数字证书。

注册成为临时用户的，系统将返回临时用户账户，并提示注册人应当在 15 日内将电子申请注册的证明文件邮寄至专利局，办理正式用户注册手续。

3.2　涉及电子申请数字证书的操作

电子申请用户数字证书，是专利局为电子申请注册用户提供的，在电子形式文件和电子形式通知书或决定传输过程中，保证传输的机密性、有效性、完整性和验证、识别用户身份的电子文档。

《专利法实施细则》第 119 条第 1 款所述的签字或者盖章，在电子申请文件中是指电子签名，电子签名在电子申请系统中是以对数字证书验证实现的，电子申请文件采用的电子签名与纸件文件的签字或者盖章具有相同的法律效力。

注册成为正式电子申请用户后，用户就可以使用用户账号和密码登录电子申请网站，下载数字证书了。需要说明的是，数字证书只能下载一次，所以用户下载证书后，应当妥善保管好数字证书，以防丢失。

3.2.1　安装数字证书

数字证书是使用在线业务办理平台提交专利申请和办理相关业务的必要条件，安装和查看数字证书的具体操作如下。

（1）打开中国专利电子申请网（http：//cponline.cnipa.gov.cn），输入用户账号和密码，单击"登录在线平台"按钮，如图 3-3 所示。

图 3 – 3　登录在线平台

（2）登录在线业务办理平台后，在导航菜单栏中选择"其他"菜单，打开"用户证书"子菜单，选择"证书管理"，如图3 – 4所示。

图 3 – 4　打开证书管理界面

（3）在证书信息列表上方，单击"下载证书"按钮，系统提示"正在创建新的 RSA 交换密钥"，单击"确定"按钮，系统自动生成和安装证书，如果需要为数字证书设置密码，则单击"设置安全级别"按钮，在弹出的对话框中选择"高"安全级别，单击"下一步"按钮，在弹出的对话框中设置密码，设置完成后，单击"完成"按钮，即完成了对证书密码的设置。单击确定，系统提示"数字证书安装成功"表示已经完成数字证书的下载和安装操作，如图3-5、图3-6、图3-7所示。

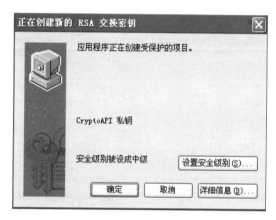

图3-5　安装数字证书

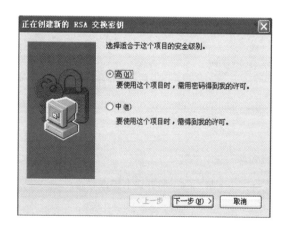

图3-6　设置安全级别

图3-7 设置安全密码

（4）电子申请用户下载数字证书后，系统会给出安装成功提示，并将证书状态显示在证书列表里。如图3-8所示。

图3-8 数字证书安装成功

3.2.2 查看数字证书

下载的数字证书将自动加载在 IE 浏览器中，从 IE 浏览器中可以查看到数字证书。查看数字证书的方法是，在 IE 浏览器界面菜单中执行单击"工具"选项，选择"Internet 选项"，选择"内容""证书""个人"命令。如图3-9所示。

图 3 – 9　数字证书查看

3.2.3　数字证书的备份

　　电子申请用户数字证书只能通过电子申请网站下载一次，不能重复下载，电子申请用户应当妥善保存数字证书。为解决数字证书损坏或丢失等无法使用的问题，建议电子申请用户在下载数字证书后，及时备份数字证书。备份数字证书需要使用数字证书导出功能。下面介绍通过 Internet Explorer 浏览器的证书导出功能进行数字证书的导出操作。

　　（1）在 Internet Explorer 浏览器界面中执行"工具"→"Internet 选项"→"内容"→"证书"→"个人"命令，查询到数字证书，选择需要导出的数字证书，执行"导出"命令，在弹出的界面中执行"下一步命令"。见图 3 – 10、图 3 – 11。

图3-10 导出数字证书（1）

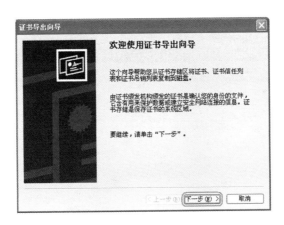

图3-11 导出数字证书（2）

（2）在导出私钥时，选择"是，导出私钥"执行"下一步命令"。见图3-12。

需要注意的是：如果导出数字证书时，在此处选择不将私钥与证书一起导出，那么导出的证书缺少私钥，无法使用。

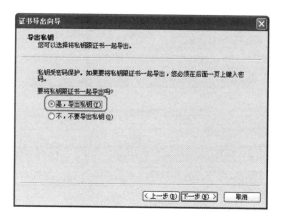

图 3 - 12　导出数字证书 (3)

（3）在弹出的界面中执行"下一步命令"，可以看到键入并确认密码界面。如果不需要设置数字证书导入密码，可以跳过这个步骤，直接执行"下一步命令"。见图 3 - 13、图 3 - 14。

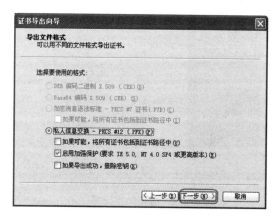

图 3 - 13　导出数字证书 (4)

需要注意的是：如果用户需要在数字证书再次被导入使用时进一步保证数字证书安全，可以在此处设置密码保护私钥，设置密码后，该数字证书被再次导入使用时，需要使用该界面设置的密码。

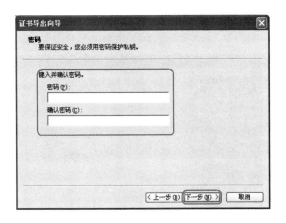

图 3 – 14 导出数字证书（5）

（4）在弹出的界面中，执行"浏览"命令，指定导出的数字证书存储位置，确定数字证书文件名称，执行"保存"命令。见图 3 – 15。

图 3 – 15 导出数字证书（6）

（5）执行"下一步命令"，在弹出的界面中会显示导出数字证书的信息，最后，执行"完成"命令。见图 3 – 16。

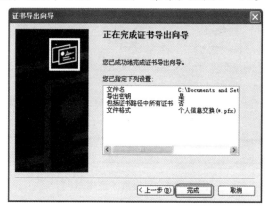

图 3 – 16　导出数字证书（7）

（6）在弹出的提示界面中输入数字证书私钥密码，执行"确定"命令，完成数字证书的导出，数字证书导出成功后，系统会提示"导出成功"。见图 3 – 17。

图 3 – 17　导出数字证书（8）

数字证书导出完成后，会存储在步骤（4）中指定的位置，

是后缀为 .pfx 的电子文件。

需要注意的是：如果导出的文件后缀为 .cer，是因为在导出步骤（2）中选择了"否，不要导出私钥"，该后缀为 .cer 的证书文件不能导入使用，不能达到数字证书备份的目的。

电子申请用户可以将导出的数字证书进行备份，如果因电脑重新安装等情况导致数字证书损坏或丢失，可以将备份的数字证书进行导入操作，继续使用数字证书。

3.3 电子申请客户端的使用

3.3.1 电子申请客户端的安装和升级

（1）客户端的运行环境

客户端可支持的软件运行环境如下。

Windows XP/7 + Office 2003/2007；

Windows XP 32bit + Microsoft Office 2010；

Windows 7 32bit + Microsoft Office 2010；

Windows 7 64bit + Microsoft Office 2010；

Windows 8 32bit（不含 RT 版）+ Microsoft Office 2003；

Windows 8 32bit（不含 RT 版）+ Microsoft Office 2007；

Windows 8 32bit（不含 RT 版）+ Microsoft Office 2010；

Windows 8 64bit（不含 RT 版）+ Microsoft Office 2003；

Windows 8 64bit（不含 RT 版）+ Microsoft Office 2007；

Windows 8 64bit（不含 RT 版）+ Microsoft Office 2010。

同时为保证客户端的运行速度，计算机内存应在 1G 以上。

（2）下载安装程序

客户端安装程序、最新离线升级包及客户端升级说明等内容都发布在电子申请网站上，建议电子申请用户经常关注网站发布的升级信息，及时更新客户端，以确保客户端的正常使用。

下载客户端安装程序的方法如下：

第一步：点击电子申请网首页左下方"工具下载"栏目。

第二步：在"工具下载"页面中选择并点击"CPC 安装程序"。

第三步：选择"CPC 安装程序"，点击鼠标右键，选择"目标另存为"。

第四步：选择安装程序在计算机中的存储位置，点击【保存】，完成下载操作。

在电脑中打开已下载的"CPC 安装程序"，运行安装即可。

（3）客户端升级

电子申请网站将不定期发布客户端升级程序，用户可根据实际情况选择恰当的升级方式升级客户端。客户端的升级方式包括在线升级和离线升级，离线升级是指通过访问电子申请网站下载"CPC 客户端离线升级包"，运行升级程序，从而实现客户端升级。推荐使用此方法进行升级，具体操作如下。

第一步：下载离线升级包。

打开电子申请网，点击首页左下方"工具下载"栏目，在"工具下载"页面中选择并点击最新版"CPC 客户端离线升级包"，如图 3 - 18 所示。

图 3 - 18　选择离线升级包

68

选择"CPC 客户端离线升级包",点击鼠标右键,选择"目标另存为",如图 3 – 19 所示。

图 3 – 19 下载离线升级包

选择离线升级包在计算机中的存储位置,点击【保存】,完成下载操作,如图 3 – 20 所示。

图 3 – 20 保存离线升级包

第二步：运行离线升级程序。

在电脑中打开已下载的"离线升级包"，将升级包解压缩，如图 3 – 21 所示。

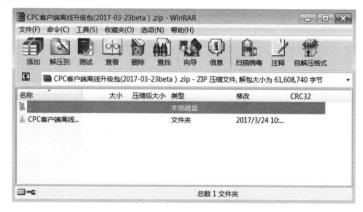

图 3 – 21　离线升级包解压缩

离线升级包的界面如图 3 – 22（a）所示，首先打开离线升级包中的子文件夹，运行该文件夹中的"updateDataBase. exe"文件。

图 3 – 22（a）　离线升级包

然后运行离线升级包中的"fmlsetup – ax – greatWallCS. exe"文件，安装该数学式控件。

安装完成后，点击离线升级包文件夹中的 OffLineUpdate. exe，运行离线升级程序，即可将客户端升级至最新版本，升级过程如图 3 – 22（b）所示。

电子申请客户端开始更新，请稍候……！

电子申请客户端更新成功！

图 3 – 22（b）　离线升级过程

需要注意的是：为保证客户端升级的成功率，升级时应注意以下几点：

①升级时应当以管理员权限登录 Windows 操作系统。

②在线升级有时会受本地网络环境的影响，推荐使用离线升级方式。

③使用离线升级方式时，应将"CPC 客户端离线升级包"解压缩，不应在压缩包中直接运行离线升级程序。

3.3.2　电子申请客户端功能简介

（1）新申请文件制作

电子申请文件的编辑是客户端的主要功能之一。新申请文件制作菜单包括：发明专利申请文件的编辑、实用新型专利申请文件的编辑、外观设计专利申请文件的编辑、进入国家阶段的发明专利申请文件的编辑、进入国家阶段的实用新型专利申请文件的编辑、复审请求文件的编辑和无效宣告请求文件的编辑七个子菜单。

（2）中间文件制作

中间文件制作菜单中包括：答复补正、主动提交和快捷事务子菜单，快捷事务又包括中止请求、实审请求、恢复请求、延长期限、撤回声明五个子菜单。

（3）案卷管理

客户端提供简单的案卷管理功能，包括对系统中所有已发送、未发送的案件，已下载通知书的查询、导入和导出等。

（4）通知书管理

客户端提供电子通知书的管理功能，通知书管理菜单包括：通知书下载、通知书导入和通知书导出。

1）通知书下载

用户应当及时通过客户端下载电子通知书。选择通知书管理菜单中的通知书下载子菜单，或点击客户端主界面右上方【接收】，在弹出的界面中点击【获取列表】，在下载列表中将显示所有待下载的通知书。如图 3 - 23 所示。

图 3 - 23　通知书下载（1）

在下载列表中选中需要下载的通知书，点击【开始下载】，即开始下载相应的通知书。按住【shift】键点击下载列表中的多个通知书，点击【开始下载】，可以完成多个通知书的下载。如图 3 - 24 所示。

2）通知书导入

选择通知书管理菜单中的通知书导入子菜单，在计算机中选择要导入的通知书，系统自动将通知书导入到收件箱已下载通知书界面相应的通知书目录下，导入的通知书必须符合客户端导入文件的格式要求，如图 3 - 25 所示。

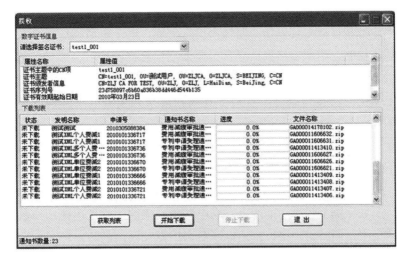

图 3 - 24 通知书下载（2）

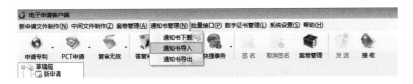

图 3 - 25 通知书导入

3）通知书导出

在已下载通知书目录中选择一个或多个案卷的通知书，选择通知书管理菜单中的通知书导出子菜单，可以将选中的通知书导出至计算机的指定位置，如图 3 - 26 所示。

图 3 - 26 通知书导出

（5） 批量接口

批量接口主要包括：通知书信息扩展、电子申请离线客户端功能控制、请求表格批量导入、通知书信息接口扩展、通知书批量导出等内容。通过该接口，能够提供与电子申请系统进行批量数据交互的接口服务，有助于提高代理机构使用电子申请的便利性。

关于批量接口功能的具体介绍已发布在电子申请网站"工具下载"栏目中，用户可自行下载查看。

（6） 数字证书管理

数字证书管理功能用于查看电脑中已安装的电子申请用户数字证书，同时用户可以指定电子签名时默认使用的数字证书。选择数字证书管理中的证书管理子菜单，可以打开证书查看器，在数字证书列表中将显示当前电脑中所有的电子申请用户数字证书，包括数字证书名称、颁发者和截止日期等信息。

（7） 系统设置

系统设置菜单中包含与客户端设置有关的功能子菜单，包括代理机构和代理师设置、数据备份及还原、系统升级设置、系统相关选项和垃圾文件清理等。

1） 设置发明人

在系统设置菜单中选择设置发明人子菜单，可以在发明人信息列表中添加发明人信息，当用户编辑专利请求书等文件时，选择导入发明人信息功能，即可在文件中自动添加发明人信息，无须每次重复编辑。

添加发明人信息时，点击界面下方【增加】，输入要添加的发明人姓名、英文姓名、身份证号、国籍、不公布姓名标记等信息，点击【确定】，完成发明人的设置，已添加的发明人信息将在发明人列表中显示。用户也可以对已添加的发明人信息进行删除、修改等操作，如图 3-27 所示。

图 3 – 27　设置发明人

2）设置申请人

在系统设置菜单中选择设置申请人子菜单，可以在申请人信息列表中添加申请人信息，当用户编辑专利请求书等文件时，选择导入申请人信息功能，即可在文件中自动添加申请人信息，无须每次重复编辑。

添加申请人信息时，点击界面下方【增加】，在弹出的对话框中输入要添加的申请人姓名和名称、申请人类型、国籍或注册国家（地区）、用户注册代码等信息。点击【确定】，完成申请人的设置，已添加的申请人信息将在申请人列表中显示。用户也可以对已添加的申请人信息进行删除、修改等操作，如图 3 – 28 所示。

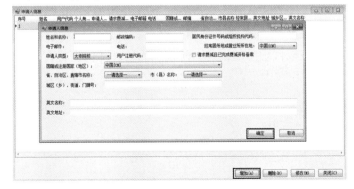

图 3 – 28　设置申请人

3）设置代理机构

在系统设置菜单中选择设置代理机构子菜单，可以在代理机构信息列表中添加代理机构信息。

添加代理机构信息时，点击界面下方【增加】，输入代理机构代码和代理机构名称，点击【保存】，完成代理机构设置，如图 3-29 所示。

图 3 - 29　设置代理机构

4）设置代理师

在系统设置菜单中选择设置代理师子菜单，可以在代理师信息列表中添加常用的代理师信息，当用户编辑专利请求书、专利代理委托书等文件时，选择导入代理师信息功能，即可自动添加代理机构和代理师信息，无须每次重复编辑。

添加代理师信息时，点击界面下方【增加】，在弹出的对话框中输入要添加的代理师姓名、电话、工作证号等信息。点击【确定】，完成代理师的设置，已添加的代理师信息将在代理师列表中显示。用户也可以对已添加的代理师信息进行删除、修改等操作，如图 3-30 所示。

5）数据备份

客户端提供数据备份功能，此功能可以将客户端中的全部电子申请数据以 ZIP 文件的形式导出至计算机的指定位置。用户重新安装计算机操作系统时，可使用此功能完成现有数据的备份。

图 3 – 30　设置代理师

6）数据还原

用户通过数据备份功能导出备份案件包后，可以通过数据还原功能将已备份的内容重新导入到客户端中。操作时在系统设置菜单中选择数据备份子菜单，在电脑中选择要还原的文件，点击【打开】，系统即可自动完成数据还原。

需要注意的是：使用数据还原功能还原数据后，客户端原有的数据将被覆盖，用户须谨慎操作。

7）系统升级

选择系统设置菜单中的系统升级子菜单，可以打开系统在线升级工具，完成客户端的升级和相关设置，在线升级的操作方法参见本章第一节中关于在线升级的相关内容。

8）选项

选择系统设置菜单中的选项子菜单，可以进行系统相关功能的设置，包括：申请模式设置、网络地址设置、网络代理设置、网络状态、费用预算、系统功能配置等。

（8）帮助

客户端帮助菜单提供给客户端使用的用户使用手册、升级说明和关于信息。

其中升级说明里详细记录了客户端历次升级的日志，便于用户及时了解客户端的更新内容。

（9）常用功能入口

客户端功能菜单下方大图标是客户端的常用功能入口，包括与新申请相关的申请专利、PCT 申请和复审无效；与中间文件相关的答复补正、主动提交和快捷事务；与电子签名有关的签名和取消签名；与文件收发有关的发送和接收以及案卷管理。操作时直接点击大图标，即可打开相应界面。其中，申请专利、PCT 申请、复审无效和快捷事务图标下包含多个子菜单，操作时需点击图标右侧箭头，选择子菜单，即可打开相应界面。如图 3 - 31 所示。

图 3 - 31　常用功能入口

常用功能入口中图标菜单的具体功能如下。

1）申请专利

点击"申请专利"图标右侧的箭头，打开的子菜单分别是发明专利申请、实用新型专利申请和外观设计专利申请。子菜单功能与新申请文件制作的同名子菜单功能相同。

2）PCT 申请

点击"PCT 申请"图标右侧的箭头，打开的子菜单分别是进入国家阶段的发明专利申请、进入国家阶段的实用新型专利申请。子菜单功能与新申请文件制作的同名子菜单功能相同。

3）复审无效

点击"复审无效"图标右侧的箭头，打开的子菜单分别是复审请求、无效宣告请求。点子菜单功能与新申请文件制作的同名子菜单功能相同。

4）答复补正

点击"答复补正"图标菜单，系统自动打开电子申请编辑器，进入中间文件的编辑界面，用户可以选择客户端中接收或导入的电子申请通知书，针对通知书内容进行答复或补正。

5）主动提交

点击"主动提交"图标菜单，系统自动打开电子申请编辑器，进入中间文件的编辑界面，用户可以直接输入专利申请基本信息，在客户端中建立中间文件案卷。

6）快捷事务

点击"快捷事务"右侧的箭头，打开的子菜单分别是中止请求、实审请求、恢复请求、延长期限、撤回声明。点击子菜单，系统自动打开电子申请编辑器，进入选定类型中间文件的编辑界面，子菜单功能与通过答复补正或主动提交的方式制作同类型中间文件相同。

7）签名

在草稿箱各目录中选择一个或多个待签名的案卷，点击"签名"图标菜单，即可进入签名界面，对已选定的案件进行电子签名，签名成功的案卷将在发件箱待发送目录中显示，具体操作参见第8章的相关内容。

8）取消签名

在发件箱待发送目录中选择一个或多个已签名的案件，点击"取消签名"图标菜单，即可对已选定的案件取消签名，取消签名的案件将回到草稿箱的目录中，具体操作参见第8章的相关内容。

9）案卷管理

点击"案卷管理"图标菜单，即可进入客户端案卷管理界面，对客户端中的案卷、通知书等进行查询、导入和导出。

10）发送

在发件箱待发送目录中选择一个或多个已签名的案卷，点击"发送"图标菜单，即可提交案卷发送请求，具体操作参见第 8 章的相关内容。

11）接收

点击"接收"图标菜单，即可进入电子发文接收界面，具体操作参见第 8 章的相关内容。

3.3.3 客户端编辑新申请文件的入口

目前客户端提供的新申请文件编辑入口在页面的左上角。

用户可以点击【新申请文件制作】，选择需要制作的新申请类型，"发明专利""实用新型""外观专利""PCT 发明""PCT 新型""复审""无效"，系统自动打开编辑器界面，根据申请类型显示需要制作的文件模板。

客户端还提供了一些快捷入口，点击【申请专利】图标右侧的向下三角箭头，可以快捷地选择"发明专利""实用新型""外观设计"三种普通国家申请的专利类型，并进入相应的编辑器界面。如图 3 – 32 所示。

点击【PCT 申请】图标右侧的向下三角箭头，可以快捷地选择"PCT 发明""PCT 新型"两种国际申请进入中国国家阶段的专利申请类型，并进入相应的编辑器界面。如图 3 – 33 所示。

点击【复审无效】图标右侧的向下三角箭头，可以快捷地选择"复审""无效"两种类型，进入相应的编辑器界面。如图 3 – 34 所示。

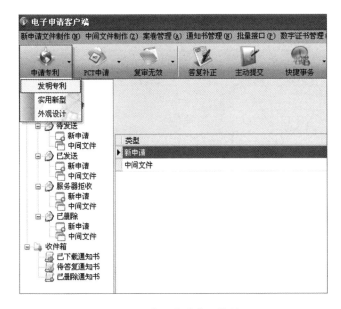

图 3 – 32　客户端申请专利快捷入口

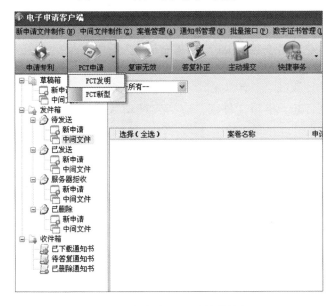

图 3 – 33　客户端 PCT 申请快捷入口

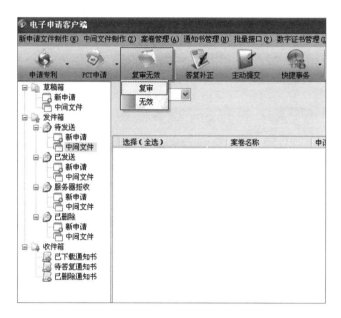

图 3 – 34　客户端复审无效快捷入口

3.3.4　文件的提交和发文的接收

（1）签名

提交电子申请文件前，应当先使用数字证书对文件进行签名。用户可以在草稿箱中选择一个或多个已编辑完成的电子申请案件，点击客户端主界面上方常用功能入口中的【签名】图标，在数字证书列表中选择签名数字证书，点击【签名】，系统自动对案件进行签名校验。电子申请表格文件中签章栏填写的名称应当与数字证书中记录的用户名称一致。

签名校验完成，将提示"签名成功"，完成签名的案件自动显示在发件箱的"待发送"目录下。

如果签名的案件没有通过校验，将在签名界面下方显示签名不成功的原因，用户可以根据系统的提示，修改文件内容后重新

82

签名。

（2）提交

签名成功后，在电子申请客户端左侧发件箱"待发送"目录中选择一个或多个案件，点击客户端主界面上方常用功能入口中的【发送】图标，在弹出的对话框中点击【开始上传】，开始提交电子文件。提交完成，将在发送界面中的"状态"对应位置显示"发送成功"。

需要注意的是：回执进度完成表明客户端自动成功接收电子申请回执，总体进度完成。电子申请案件发送成功后，如果系统没有自动接收回执，可以点击客户端上方常用功能入口中的【接收】图标，主动下载电子申请回执，具体操作参见本章第3.4节中的相关内容。

回执下载成功后，可以在客户端左侧通知书"已下载"目录下查看回执的内容。回执中包含所提交电子申请案件的发明名称、提交人信息、系统接收时间、提交文件类型、提交文件大小、专利代理机构案卷号等信息，中间文件回执中还包含申请号或国际申请号信息。

电子申请回执是电子申请系统完整接收用户提交的电子申请的凭证，电子申请用户应当注意及时接收并保存电子申请回执。

（3）发文

《关于专利电子申请的规定》（第57号局令）第9条第2款规定："对于专利电子申请，国家知识产权局以电子文件形式向申请人发出的各种通知书、决定或者其他文件，自文件发出之日起满15日，推定为申请人收到文件之日。"

电子申请用户应当通过客户端及时接收电子形式的通知书和决定。电子申请用户未及时接收的，不作公告送达。

电子发文在发文日当天提供给电子申请用户下载。接收电子发文的具体操作是：打开客户端，点击客户端主界面上方常用功能入口中的【接收】图标，在弹出的界面中点击【获取列表】，在下载列表中将显示所有待下载的通知书。

在下载列表中选中需要下载的某个通知书，点击【开始下载】，即开始下载相应的通知书。按住【shift】键点击下载列表中的多个连续的通知书，或者按住【Ctrl】键点击下载列表中的任意通知书，点击【开始下载】，可以完成多个通知书的下载。

电子形式的通知书一般只能下载一次。对于已下载的通知书，电子申请用户可以通过电子申请网站提出通知书重复下载的请求，经审批通过后即可重复下载电子形式通知书。

已下载通知书保存在客户端左侧收件箱"已下载通知书"目录下，用户点击列表中的通知书，即可查看通知书的内容。

3.4　电子申请在线业务办理平台的使用

3.4.1　使用前的准备

第一次使用在线电子申请的用户，需要先对电脑进行设置，安装 CA 证书和编辑器控件。新用户还需完成用户注册和数字证书安装。

（1）使用环境配置

使用在线业务办理平台的电子申请用户，推荐安装的软件环境为中文版 Windows 7、IE9 和 Office 2007。为保证能够正常使用相关模块和功能，需要按照使用指导上的说明，设置中国专利电子申请网站（http：//cponline. cnipa. gov. cn）为信任站点。

（2）安装 CA 证书控件

使用数字证书对申请文件进行签名是通过在线业务办理平台提交专利申请和办理相关业务的必要条件。因此，在下载和安装数字证书前，需要登录中国专利电子申请网，单击页面右上方的

"控件下载"，下载和安装 CA 证书控件和 OCX 控件。

3.4.2 用户登录方式

在线业务办理平台提供了两种登录方式：用户登录和数字证书登录。使用两种方式登录交互式平台后，看到的界面是一样的。两者的差异在于，提交专利申请或者办理法律手续业务，需要使用数字证书进行签名的，必须在数字证书登录模式下才能完成。

（1）账号登录

使用账号登录，需要输入用户账号、密码和验证码。

为方便企业和专利代理服务机构使用在线电子申请，在线业务办理平台中设置了增加子账户的功能，可以通过设置子账户的方式允许多个用户分功能、分权限的使用在线业务办理平台。

主账户是电子申请注册用户账号，主账户拥有对其名下的专利申请案卷进行操作和使用功能的全部权限。子账户是主账户指定的，根据用户实际需要自行设定的，由主账户赋予其专利申请案卷或部分功能权限的二级账户。子账户也可以通过账号登录界面进行登录。

（2）数字证书登录

使用数字证书登录的，在提交申请或办理法律手续时对申请文件进行数字签名时可以直接调用证书进行签名。对于涉及申请权或专利权的生成、失效、转移等手续的办理，均需要使用数字证书登录方式。主账户分配和设置子账户时，也需要使用证书登录的方式。

使用账户登录的，上述手续的申请文件依然可以制作和暂存，但是系统将不允许提交，仍需要使用数字证书登录进行提交操作。对于不涉及申请权或专利权的生成、失效、转移的，可以直接使用账户登录的方式进行办理。

使用数字证书登录方式需要将导出的后缀名为 .pfx 的证书复制到"C：\ Program Files \ kairende \ CA 证书控件 x86"目录下，证书安装完成。

数字证书保存到指定目录下后，即可以使用证书登录模式登录在线业务办理平台。登录电子申请网站，选择"证书登录"模式，选择证书，输入用户账号和证书密码，输入验证码，单击"登录在线平台"，如图 3 – 35 所示。

图 3 – 35　证书登录界面

3.4.3　使用在线业务办理平台制作和提交新申请文件

可以通过在线业务办理平台办理的新申请有：普通国家申请的发明、实用新型、外观设计专利申请，以及国际申请进入中国国家阶段的发明和实用新型专利申请，目前不包括复审请求、无效宣告请求（与电子申请客户端可办理的范围不同）。

本小节主要介绍发明专利新申请必要文件的编辑。申请发明专利，应当提交发明专利请求书、权利要求书、说明书、说明书摘要，必要时应当同时提交说明书附图和摘要附图，涉及核苷酸或氨基酸序列表的应当同时提交说明书核苷酸或氨基酸序列表。电子申请用户提交的专利申请文件中如果缺少必要文件,在线业务办理平台将明确告知不予受理。

(1)新申请办理入口

在导航菜单栏单击"新申请办理",页面默认显示的是发明专利申请,用户可在左侧导航子菜单栏中选择需要制作的新申请类型,其中包括发明专利申请、实用新型专利申请、外观设计专利申请、PCT 发明专利申请和 PCT 实用新型专利申请。页面右侧为用户操作区,提供案件信息查询功能。发明专利新申请业务办理入口页面如图 3-36 所示。在"未提交业务"页签,选择"新申请办理",进入发明专利新申请文件编辑页面。

图 3-36 发明专利新申请业务办理入口页面

(2)发明专利请求书的编辑

进入发明专利新申请文件编辑页面后,点击"发明专利请求书"子模块,即可看到项目式的发明专利请求书编辑页面。

用户可以在系统的指导和提示下填写相关信息,系统实时对填写的信息进行校验,如果用户填写数据有误,系统会进行提示。提示信息根据数据缺陷严重情况分为两类:黄色提示文字代表数据存在缺陷,需要用户进行修改,如果用户忽略提示信息,不对文件内容进行修改,可以提交文件;红色提示文字代表数据存在严重缺陷,用户必须修改合格后,才允许提交文件。

(3)权利要求书等文件的编辑

权利要求书、说明书、说明书附图、说明书摘要等文件的编辑方式与电子申请客户端基本一致,分为在线编辑(XML 格式的文件)和文件导入(Word 或 PDF 格式的文件)两种模式。下面介绍一下两种模式的编辑方法。

1)XML 格式文件的编辑

以权利要求书为例,点击"权利要求书"标签,系统自动打开权利要求书编辑界面,直接在界面的文字编辑框内填写文字,点击"保存到服务器",则系统自动保存为 XML 格式的文件。如图 3-37 所示。

图 3-37 权利要求书编辑页面

2）Word/PDF 格式文件的导入

电子申请用户可以将准备好的 Word 或者 PDF 格式的申请文件直接导入到在线业务办理平台，在线业务办理平台的"申请文件"标签页提供这一功能。具体操作方法是，选择"申请文件"标签，在页面右侧的下拉菜单中选择文件类型：权利要求书、说明书、说明书附图、说明书摘要、摘要附图；单击"上传"按钮，在弹出的对话框中找到要加载的文件，单击"打开"按钮；系统将自动判断导入的文件是否与该文件类型是否匹配，如果不匹配将提示用户；上传成功后，用户需要根据页面提示，结合实际提交文件内容，修改权利要求书的权项数、说明书附图的附图个数等内容，其他数据项内容默认为"0"，不需要修改。上传完成后，单击"保存"按钮，如图 3-38 所示。

图 3-38　上传申请文件页面

（4）文件的提交

1）文件预览

当电子申请用户编辑完成新申请全部文件和手续后，选择请求书页签，单击"预览"按钮，打开预览页面后，系统默认显示请求书内容。

申请文件清单和附加文件清单中的内容由系统根据已编辑文

件自动识别并生成。系统将自动核验撰写的文件内容是否符合规范。当新申请文件存在不符合校验规范的内容时，预览页面下方用红色文字提醒用户返回业务办理页面，修改文件中存在的缺陷，如图3－39所示。在修改完成前，提交按钮为灰色，不允许用户提交新申请。

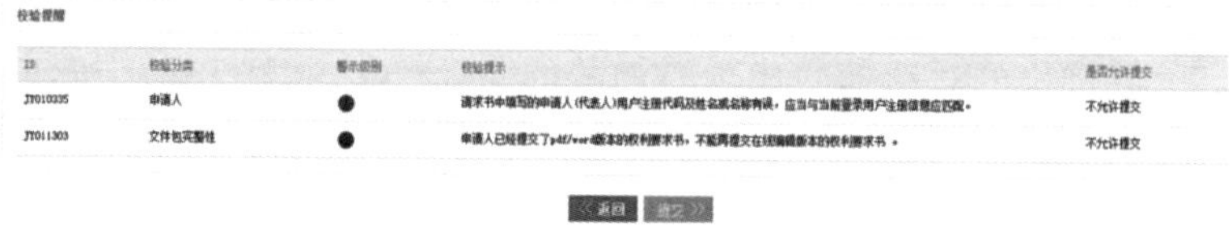

图3－39　请求书预览校验提醒

2）文件提交

当新申请文件的内容符合校验规范时，预览页面没有校验提醒信息，用户勾选"以下浏览的申请文件内容真实有效，将作为正式提交文件"的声明后，提交按钮由灰色变亮。需要注意的是，电子申请用户必须使用证书登录在线业务办理平台，方可提交新申请，系统自动启动证书验证、数据打包、生成签名等程序。

3）返回受理结果

在预览页面单击"提交"按钮，新申请文件提交至专利局，系统进入业务办理反馈回执页面。

回执上记载了业务提交时间、办理业务种类、提交人用户代码、提交人用户名称等信息。电子申请用户提交新申请后，在回执上即可获得专利申请号，回执页面同时记载了当前主业务应当缴纳的费用明细，用户可以选择"去缴费"按钮，办理在线支付业务。

电子申请用户可以通过导航菜单栏"新申请办理"对应申请类型的"业务办理历史"页签查看案件信息，也可以在"通知书办理"菜单中的"通知书接收确认"子菜单中查询到专利申请受理通知书和缴纳申请费通知书或费用减缴审批通知书。

3.4.4 通知书的办理

电子申请用户如果需要接收通知书，办理通知书下载、查询和答复等业务的，应当单击"通知书办理"菜单，在"通知书办理"页面，左侧下方为可办理业务功能区，单击其中一个子菜单，到相应的用户操作区办理。

"通知书办理"菜单共有五个栏目，分别是"通知书接收确认""通知书答复""通知书期限延长""通知书历史查询""纸件通知书申请"。

（1）通知书接收确认

使用在线业务办理平台提交专利申请和办理法律手续的用户，应当注意接收相关的通知书。

单击"通知书接收确认"子菜单，进入相应的业务办理界面。页面右上方给出了查询选项，包括"申请号或其他编号""通知书发文日""发明创造名称"。单击"展开"，还有"通知书名称""发文序列号"等查询项。

以申请号查询为例，输入申请号后单击"查询"按钮，则该申请号下所有需要确认接收的通知书都显示在下方查询结果的列表中。查询结果包括申请号或其他编号、发明创造名称、通知书名称、发文日期、发文序列号、操作等信息。

单击需要确认接收的通知书最后方操作栏的"接收确认"，则系统返回提示。通知书确认接收后，在线业务办理平台将用户的接收信息记录在系统中。如需要再次查看此通知书，则需要到"通知书历史查询"栏目进行查看。

也可使用批量确认接收通知书功能完成对所有勾选了的通知书的接收确认。

（2）通知书查看和下载

单击"通知书历史查询"子菜单，选择需要查看通知书的申请号和对应的通知书名称，单击对应的操作栏的"下载 ZIP 包"，在线业务办理平台将提供压缩格式的电子通知书供用户下载，如图 3 – 40 所示。

图 3 – 40　通知书下载

（3）纸件通知书申请

单击"纸件通知书申请"子菜单，进入申请纸件通知书副本业务办理界面。

针对通过在线业务办理在线业务办理平台提交的专利电子申请，各阶段的通知书均以电子形式发出。如果电子申请用户需要纸件形式通知书副本的，需要通过这个业务办理页面，提交纸件通知书申请。收到请求后，专利局发文部门会针对请求发出该通知书的纸件副本，需要注意的是，同一份通知书只能发出一份纸件副本。

第4章 专利费用

4.1 费用缴纳的期限

本章介绍中国专利申请有关费用的事项，PCT 国际阶段的费用不属于本章的范围。

4.1.1 申请费

申请费的缴纳期限是自申请日起 2 个月内或在收到受理通知书之日起 15 日内。与申请费同时缴纳的费用还包括公布印刷费、申请附加费，要求优先权的，应同时缴纳优先权要求费。未在规定的期限内缴足的，专利申请将视为撤回。

说明书（包括附图）页数超过 30 页或者权利要求超过 10 项时，需要缴纳申请附加费，金额以超出页数或者项数计算。

优先权要求费的费用金额以要求优先权的项数计算。未在规定的期限内缴纳或缴足的，视为未要求优先权。

4.1.2 发明专利申请实质审查费

申请人要求实质审查的，应提交实质审查请求书，并缴纳实质审查费。实质审查费的缴纳期限是自申请日（有优先权要求的，自最早的优先权日）起 3 年内。未在规定的期限内缴纳或缴足的，专利申请视为撤回。

4.1.3 复审费

申请人对专利局的驳回决定不服提出复审的，应提交复审请求书，并缴纳复审费。复审费的缴纳期限是自申请人收到专利局作出驳回申请决定之日起 3 个月内。未在规定的期限内缴纳或缴足的，复审请求视为未提出。

4.1.4 著录事项变更费、专利权评价报告请求费和无效宣告请求费

著录事项变更费、专利权评价报告请求费、无效宣告请求费的缴纳期限是自提出相应请求之日起 1 个月内。未在规定的期限内缴纳或缴足的，上述请求视为未提出。

4.1.5 恢复权利请求费

申请人或专利权人因其他正当理由延误《专利法》及《专利法实施细则》规定的期限或者专利局指定的期限，导致其权利丧失请求恢复权利的，应提交恢复权利请求书，并缴纳费用。该项费用的缴纳期限是自当事人收到专利局发出的权利丧失通知之日起 2 个月内。未在规定的期限内缴纳或缴足的，其权利将不予恢复。

4.1.6 延长期限请求费

申请人对专利局指定的期限请求延长的，应在原期限届满日之前提交延长期限请求书，并缴纳费用。未在规定的期限内缴足的，将不同意延长。对同一指定期限最多可限延长两次。

4.1.7 专利文件副本证明费

办理专利登记簿副本、在先申请文件副本、专利授权文件副本、专利证书副本、专利证书证明、专利登记簿证明（专利批量法律状态证明）、专利授权程序证明、申请人名称变更证明、专利文档查阅复制证明件等 9 种副本和证明文件前缴纳费用，每份

30 元。未及时缴纳，不予办理专利文件副本。

4.1.8 年费

申请人办理登记手续时，应当缴纳印花税和授予专利权当年的年费。期满未缴纳或未缴足费用的，视为放弃取得专利权。授予专利权当年的年费，应当在专利局发出的办理登记手续通知书中指定的期限内缴纳，以后的年费应当在上一年度期满前缴纳。缴费期限届满日是申请日在该年的相应日。

4.1.9 滞纳金

（1）专利权人未按时缴纳授予专利权当年以后的年费或者缴纳的数额不足的，专利权人应当自缴纳年费期满之日起最迟 6 个月内补缴，同时缴纳滞纳金。缴费时间超过规定缴费时间不足 1 个月的，不收滞纳金，超过规定缴费时间 1 个月的，每多超出 1 个月，加收当年全额年费的 5% 作为滞纳金，例如，缴费时超过规定缴费时间 2 个月，滞纳金金额为年费标准值乘以 10%（《专利法实施细则》第 98 条）。

（2）首次缴纳数额不足时年费滞纳金的计算：专利权人再次补缴时，应依照实际补缴日所在滞纳金时段内的滞纳金标准，补足应缴纳的全部年费滞纳金。例如，年费滞纳金 5% 的缴纳时段为 5 月 5 日至 6 月 5 日，滞纳金为 45 元，但缴费人仅缴纳了 25 元。缴费人在 6 月 7 日补缴滞纳金时，应依照实际缴费日所对应滞纳期时段的标准 10% 缴纳，该时段滞纳金为 90 元，所以缴费人还应补缴滞纳金 65 元。

（3）办理恢复手续时年费滞纳金的计算：专利权人因专利权终止办理恢复手续时，年费滞纳金应按当年年费全额的 25% 缴纳。

4.2　费用缴纳方式与缴费日的确定

4.2.1　网上缴费及缴费日的确定

电子申请注册用户，可以通过登录中国专利电子申请网（cponline. cnipa. gov. cn）使用网上缴费系统缴纳专利费用。其中个人用户可使用银行卡支付方式，专利代理机构和企事业单位用户可以使用对公账户支付方式。网上缴费的对公账户及个人账户，可以选择在代办处自取收据。

网上缴费的缴费日以网上缴费系统收到的银联在线支付平台反馈的实际支付时间所对应的日期来确定。

4.2.2　银行/邮局汇款转账及缴费日的确定

缴费人可以通过银行或邮局汇付专利费用。通过银行或邮局汇付专利费用时，应当在汇款单附言栏中写明正确的申请号（或专利号）及费用名称（或简称）。正确的申请号或专利号应为 9 位（2003 年 10 月 1 日之前申请的专利）或 13 位（2003 年 10 月 1 日之后申请的专利），不得缺位，最后一位校验位前的小数点可以省略。

例如：9 位申请号可写成 9910×××.2 或者 9910×××2；13 位申请号可写成 200510××××××.1 或者 200510×××××1。所缴的费用名称可以用简称（见《专利收费标准一览表》）。缴费人汇款时，应当要求银行或邮局工作人员在汇款附言栏中录入上述缴费信息，通过邮局汇款的，还应当要求邮局工作人员录入完整通信地址，包括邮政编码。费用不得寄到专利局受理处或者专利局其他部门或者审查员个人。收到银行或邮局汇款凭证应认真核对申请号或专利号以及缴费人的通信地址、邮政编码，避免因银行或邮局工作人员录入错误造成的必要信息丢失。通过邮局汇款的，一个申请号（或专利号）应为一笔汇款。

缴费人通过银行或邮局汇付的，如果未在汇款时注明上述必要信息，可以在汇款的当天最迟不超过汇款次日登录专利缴费信息网上补充及管理系统（http：//fee. cnipa. gov. cn）进行缴费信息的补充，补充完整缴费信息的，以补充完整缴费信息日为缴费日。因逾期补充缴费信息或补充信息不符合规定，造成汇款被退回或入暂存的，视为未缴纳费用。

国家知识产权局专利局银行汇付：
开户银行：中信银行北京知春路支行
户　　名：中华人民共和国国家知识产权局专利局
账　　号：7111710182600166032

国家知识产权局专利局邮局汇付：
收款人姓名：国家知识产权局专利局收费处
商户客户号：110000860（可代替地址邮编）
地址　邮编：北京市海淀区蓟门桥西土城路 6 号（100088）
各代办处银行及邮局账户信息可登录 http：//www. cnipa. gov. cn/zldbc 进行查询。

4.2.3　专利局/代办处面交及缴费日的确定

缴费人可以直接向专利局或专利代办处收费窗口缴纳专利费用，以当天缴费的日期为缴费日。见表 4 - 1。

表 4 - 1　不同缴费方式的对比

缴费方式	缴费信息提交	支付方式	收据领取	备注
网上缴费	登录中国专利电子申请网在线提交	在线支付	邮寄或代办处自取	强烈推荐

缴费方式	缴费信息提交	支付方式	收据领取	备注
银行或邮局汇款转账	登录专利缴费信息网上补充及管理系统在线提交	在线支付 柜台支付	邮寄	
现场面交	登录专利缴费信息网上补充及管理系统在线提交	现场支付	现场领取	

4.3 费用减缴政策与手续

申请人或者专利权人缴纳专利费用确有困难的，可以根据专利费用减缴办法向专利局提出费用减缴的请求。

4.3.1 可以减缴的费用种类

可以减缴的费用包括以下四种。

（1）申请费（不包括公布印刷费、申请附加费）；

（2）发明专利申请实质审查费；

（3）年费（自授予专利权当年起 10 年内的年费）；

（4）复审费。

4.3.2 费用减缴的条件和比例

专利申请人或者专利权人符合下列条件之一的，可以向专利局请求减缴上述收费：

（1）上年度月均收入低于 3500 元（年 4.2 万元）的个人；

（2）上年度企业应纳税所得额低于 30 万元的企业；

（3）事业单位、社会团体、非营利性科研机构。

两个或者两个以上的个人或者单位为共同专利申请人或者共有专利权的，应当分别符合上述规定。

专利申请人或者专利权人为个人或者单位的，减缴规定收费的85%；两个或者两个以上的个人或者单位为共同专利申请人或者共有专利权人的，减缴规定收费的70%。

专利申请人或者专利权人只能请求减缴尚未到期的收费。减缴申请费的请求应当与专利申请同时提出，减缴其他收费的请求可以与专利申请同时提出，也可以在相关收费缴纳期限届满日两个半月之前提出，未按上述规定提交减缴请求的，不予减缴。

4.3.3　申请费用减缴的手续

专利申请人或者专利权人请求减缴专利收费的，应当提交收费减缴请求书及相关证明文件。专利申请人或者专利权人通过专利事务服务系统提交专利收费减缴请求并经审核批准备案的，在一个自然年度内再次请求减缴专利收费，仅需提交收费减缴请求书，无须再提交相关证明文件。

个人请求减缴专利收费的，应当在收费减缴请求书中如实填写本人上年度收入情况，同时提交所在单位出具的年度收入证明；无固定工作的，提交户籍所在地或者经常居住地县级民政部门或者乡镇人民政府（街道办事处）出具的关于其经济困难情况的证明。

企业请求减缴专利收费的，应当在收费减缴请求书中如实填写经济困难情况，同时提交经会计事务所和税务事务所审计的上年度企业财务报告复印件。在汇算清缴期内，企业提交经会计事务所和税务事务所审计的上上年度企业财务报告复印件。

事业单位、社会团体、非营利性科研机构请求减缴专利收费的，应当提交法人证明文件复印件。

专利费减备案系统登录地址：http：//cpservice.cnipa.gov.cn；电子申请注册用户可使用电子申请注册用户名登录；非电子申请注册用户需注册公众用户名登录。

4.3.4　费用减缴的审批

专利局收到收费减缴请求书后，应当进行审查，作出是否批准减缴请求的决定，并通知专利申请人或者专利权人。

专利收费减缴请求有下列情形之一的，不予批准：

（1）未使用国家知识产权局制定的收费减缴请求书的；

（2）收费减缴请求书未签字或者盖章的；

（3）收费减缴请求不符合相关规定的；

（4）收费减缴请求的个人或者单位未提供符合相关规定的证明文件的；

（5）收费减缴请求书中的专利申请人或者专利权人的姓名或者名称，或者发明创造名称，与专利请求书或者专利登记簿中的相应内容不一致的。

经专利局批准的收费减缴请求，专利申请人或者专利权人应当在规定的期限内，按照批准后的应缴数额缴纳专利费。收费减缴请求批准后，专利申请人或专利权人发生变更的，对于尚未缴纳的收费，变更后的专利申请人或者专利权人应当重新提交收费减缴请求。

专利收费减缴请求审批决定做出后，专利局发现该决定存在错误，应予更正，并将更正决定及时通知专利申请人或者专利权人。

专利申请人或者专利权人在专利收费减缴请求时提供虚假情况或者虚假证明文件的，专利局在查实后撤销专利减缴收费决定，通知专利申请人或者专利权人在指定期限内补缴已经减缴的费用，并取消其本年度起 5 年内收费减缴资格，期满未补缴或者补缴额不足的，按缴费不足依法做出相应处理。

专利代理机构或者专利代理师帮助、指使、引诱申请人或者专利权人实施上述行为的，依照有关规定进行惩戒。

4.4 退款的手续

缴费人对多缴、重缴、错缴的专利费用，可以自缴费之日起3年内，提出退款请求。对进入实质审查阶段的发明专利申请，在第一次审查意见通知书答复期限届满前（已提交答复意见的除外）主动申请撤回的，可以请求退还50%的专利申请实质审查费。提出退款请求的，应提交意见陈述书（关于费用），并提交国家知识产权局专利收费收据复印件、邮局或银行出具的汇款凭证等证明文件。提供邮局或银行的证明应当是原件，不能提供原件的，应当提供经出具部门加盖公章确认的或经公证的复印件。

缴费人所缴款项因费用汇单字迹不清或者缺少必要事项造成既不能开出收据又不能退款的，该款项将暂存在专利收费账户上。经缴费人补充获得必要事项信息的，收费处（或代办处）做出暂存处理，开出收据，确认收入。缴费人要求退款的，可通过传真、邮件或信函提供退款信息和缴款凭证复印件，自缴费日起3年后才要求退款的不予退款。

第5章　专利审批程序中的手续与事务

5.1　审批程序中手续的一般要求

提出专利申请以后，申请人按照《专利法》及其实施细则的规定或者专利局的通知，办理各种手续时，应当根据手续的要求进行办理，一般需注意以下事项。

5.1.1　手续的形式

《专利法实施细则》第2条规定，《专利法》及其实施细则规定的各种手续，应当以书面形式或者专利局规定的其他形式办理。专利局规定的其他形式包括电子文件形式。

办理专利申请（或专利）手续时应当使用专利局制定的标准表格。标准表格由专利局按照一定的格式和样式统一制定、修订和公布。

5.1.2　手续表格

（1）表格类别

专利局制定的标准表格数量较多，在国家知识产权局网站（www.cnipa.gov.cn）提供的"表格下载"服务中将与专利申请相关的表格分成了以下各类：通用类、优先审查类、向外国申请专利保密审查专用类、服务类、电子申请专用类、复审及无效类、行政复议类、PCT进入中国国家阶段类。

由于篇幅所限，本章节内容仅涉及常用的通用类表格，特别是其中的常用手续表格。其他表格涉及的部分内容可参见本书其他部分。

通用类表格中的申请文件表格一般包括：发明专利请求书、实用新型专利请求书、外观设计专利请求书、摘要、摘要附图、权利要求书、说明书、说明书附图、外观设计图片或照片、外观设计简要说明等。

通用类表格中的手续表格种类繁多，用途各异，下面简要介绍其中常用的手续表格。

（2）常用手续表格

①发明专利请求提前公布声明：根据《专利法》第 34 条的规定，请求早日公布发明专利申请。

②实质审查请求书：根据《专利法》第 35 条的规定，请求对专利申请进行实质审查。

③撤回优先权声明：请求撤回专利申请的全部或部分优先权。

④撤回专利申请声明：根据《专利法》第 32 条的规定，声明撤回专利申请。

⑤费用减缴请求书：申请人/专利权人请求费用减缴，且已全体完成费减资格备案。

⑥意见陈述书：针对专利局发出的通知书陈述意见或补充陈述意见、对专利申请主动提出修改、关于其他事宜的意见陈述。

⑦补正书：针对专利局发出的通知书进行补正、对专利申请主动提出修改。

⑧意见陈述书（关于费用）：针对专利申请费用/专利费用陈述意见，例如请求退费、费用收据事宜等。

⑨延长期限请求书：根据《专利法实施细则》第 6 条第 4 款的规定，请求延长专利局发出的通知书中指定的期限；根据《专利法实施细则》第 86 条第 3 款的规定，请求延长专利申请或者

专利的中止程序。

⑩改正译文错误请求书：根据《专利法实施细则》第 113 条的规定，对申请文件的中文译文进行修改；针对专利局发出的改正译文错误通知书，进行译文改正。

⑪著录项目变更申报书：根据《专利法实施细则》第 119 条第 2 款的规定，请求对著录项目进行变更，具体变更项目包括：发明人/设计人事项、申请人/专利权人事项、联系人事项、专利代理事项、代表人等。

⑫恢复权利请求书：根据《专利法实施细则》第 6 条的规定，当事人因不可抗拒的事由或其他正当理由延误《专利法》/《专利法实施细则》规定的期限或者国务院专利行政部门指定的期限，导致其权利丧失的，在规定的期限内请求恢复权利。

⑬放弃专利权声明：根据《专利法》第 44 条第 1 款第 2 项的规定，专利权人声明放弃专利权；根据《专利法》第 9 条第 1 款的规定，专利权人声明放弃专利权；无效宣告程序中，根据《专利法》第 9 条第 1 款的规定，专利权人声明放弃专利权。

⑭中止程序请求书：根据《专利法实施细则》第 86 条的规定，请求中止专利申请或者专利的有关程序。

⑮专利权评价报告请求书：根据《专利法》第 61 条及其实施细则第 56 条的规定，请求对申请日在 2009 年 10 月 1 日（含）之后的实用新型、外观设计专利作出专利权评价报告。

⑯实用新型专利检索报告请求书：根据修改前《专利法》第 57 条第 2 款和修改前《专利法实施细则》第 55 条、第 56 条的规定，请求对申请日在 2009 年 10 月 1 日前（不含）的实用新型专利作出实用新型专利检索报告。

⑰更正错误请求书：针对国家知识产权局专利公报、单行本和专利证书中出现的错误提出更正请求。

5.1.3　手续表格的提交

（1）纸件形式

申请人以书面形式提出专利申请并被受理的，在审批程序中应当以纸件形式提交相关文件。以口头、电话、实物等非书面形式办理各种手续的，或者以电报、电传、传真、电子邮件等通信手段办理各种手续的，均视为未提出，不产生法律效力。

办理各种手续的表格或文件，通过纸件形式提交时应当递交或者邮寄至专利局受理处或代办处。根据《专利法实施细则》第120条的规定，寄交手续文件，应当使用挂号信函，不得使用包裹。手续文件若为寄交，则以邮寄日为办理手续的日期；若为面交，则以文件提交日为办理手续的日期。

（2）电子文件形式

申请人以电子文件形式提出专利申请并被受理的，在审批程序中应当通过专利电子申请系统以电子文件形式提交手续文件，另有规定的除外。不符合规定的，该文件视为未提交。但实用新型专利检索报告请求、退款请求（缴款人为非电子申请提交人）、恢复权利请求、专利权评价报告请求、中止请求、法院保全、无效请求、行政复议请求、由第三方或社会公众提出的意见陈述不属于《关于专利电子申请的规定》第7条规定的申请人应当以电子文件形式提交的相关文件，当事人可通过纸件方式提交。

以电子文件形式提交手续文件包括两种方式：离线方式与在线方式。离线方式为通过电子申请客户端（CPC客户端）提交，在线方式为通过专利申请在线业务办理平台（交互式平台）提交。通过交互式平台提交手续文件具有业务办理更准确、手续办理更快捷等优点。

手续文件通过电子文件形式提交的，以专利局专利电子申请系统收到电子文件之日为递交日。

需要注意的是，申请专利的发明创造涉及国家安全或者重大利益需要保密的，应当以纸件形式提出专利申请。申请人以电子文件形式提出专利申请后，专利局认为该专利申请需要保密的，应当将该专利申请转为纸件形式继续审查并通知申请人，申请人在后续程序中应当以纸件形式递交各种文件。

5.1.4 手续的费用和期限

部分手续的办理需要缴纳相应的费用。例如：请求实质审查需要缴纳实质审查费；延长第一次审查意见通知书的指定期限需要缴纳延长期限请求费；请求改正译文错误需要缴纳译文改正费；因专利权的转让提出著录项目变更请求需要缴纳变更费；因其他正当理由请求恢复权利需要缴纳恢复权利请求费；请求办理专利权评价报告需要缴纳专利权评价报告请求费。专利代理机构、代理师委托关系的变更无须缴纳费用。

凡办理的手续应当缴纳费用的，当事人应当按规定足额缴纳相关费用。例如，请求办理专利权人变更的，应当在提交著录项目变更申报书的同时，或者最迟 1 个月内缴纳著录项目变更费，申请人逾期未缴纳有关费用的，该变更申报手续被视为未提出。申请人缴纳办理手续的相关费用时，应当写明申请号、费用名称（或简称）及分项金额。未写明申请号和费用名称（或简称）的视为未办理缴费手续。

部分手续需要在规定的期限内办理。例如：实质审查请求应当在申请日（有优先权的，指优先权日）起 3 年内提出；请求延长第一次审查意见通知书的指定期限应当在期限届满之前提交延长请求；因其他正当理由未缴纳申请费导致专利申请被视为撤回而请求恢复的，应当自收到视为撤回通知书之日起 2 个月内提出恢复请求。在规定的期限逾期之后提出办理手续请求的，请求不予通过。

5.1.5　手续表格填写的基本要求

手续表格应当按照填表须知正确填写。一张手续表格只允许办理一件专利申请的一项手续。例如：一份补正书只能对一件专利申请进行补正，不得在一份补正书上对两件或两件以上的专利申请进行补正；也不允许在一份补正书上对一件专利申请既办理补正手续，又要求办理其他手续，如要求变更申请人地址。

手续表格第一栏一般均为著录项目填写（即申请号/专利号、发明创造名称、第一署名申请人/专利权人），填写时应当与案件当前内容完全一致（通过交互式平台办理手续时该部分内容一般无须填写）。例如，若第一署名申请人已变更，专利局已发出手续合格通知书，则办理手续时应当填写变更后的第一署名申请人。若办理手续时需要当事人填写专利局发出的通知书，则表格填写时应当正确填写通知书的发文日、通知书名称及发文序号。若办理手续时同时需要提交相应的附件，则在表格填写时应当注明相应的附件清单；若附件为证明文件且已在专利局备案，则应当正确填写已备案的证明文件备案编号。若手续表格有其他要求，则应当按照要求填写相应的内容。例如，请求延长通知书指定期限时应当在延长期限请求书中指定请求延长的时间，恢复权利请求书填写时应当注明请求恢复权利的理由。

申请人请求不公布发明人姓名、陈述未收到专利证书，或社会公众对专利申请提出意见等情形，宜通过意见陈述书表格提交相关意见，在意见陈述书的"陈述事项"中注明为其他事宜，并在"陈述的意见"栏中填写具体的意见内容。

申请人办理各种手续应当提出明确请求，不得使用模棱两可的或者有先决条件的语言，也不得有对他人的攻击和诽谤性语言，以及与手续本身无关的内容。

5.1.6　签章与电子签名

向专利局提交的手续文件，应当按照规定签字或者盖章。根据手续的不同，签章的要求也不尽相同。一般来说，若未委托专利代理机构，则手续文件应当由申请人/专利权人、其他利害关系人或者其代表人签字或者盖章，办理直接涉及共有权利的手续，应当由全体权利人签字或者盖章；若委托了专利代理机构，则手续文件一般应当由专利代理机构盖章，必要时还应当由申请人/专利权人、其他利害关系人或者其代表人签字或者盖章。

需要注意的是，若手续文件通过电子文件形式提交，则电子文件采用的电子签名与纸件文件的签字或者盖章具有相同的法律效力。

5.1.7　证明文件

办理的手续若需附具证明文件，则证明文件应当由有关主管部门出具或者由当事人签署。证明文件应当提供原件；证明文件是复印件的，应当经公证或者由主管部门加盖公章予以确认；证明文件还可在专利局进行备案，办理手续时应当在手续文件中注明已备案的证明文件备案编号。

需要注意的是：申请人办理专利电子申请的各种手续的，提交证明文件时，可以提交证明文件原件的电子扫描文件。专利局认为必要时，可以要求申请人在指定期限内提交证明文件原件。

5.1.8　手续文件的法律效力

申请人/专利权人提交的手续文件，经专利局批准后（部分手续还会进行事务公告）即产生法律效力。当事人无正当理由不得要求撤销办理的手续。例如，申请人无正当理由不得要求撤销撤回专利申请的声明。但在申请权非真正拥有人恶意撤回专利申请后，申请权真正拥有人（应当提交生效的法律文书来证明）可要求撤销撤回专利申请的声明。申请人/专利权人办理的各种手续生效以后，对申请人/专利权人及其继受人具有法律约束力。

5.2 著录项目变更手续

著录项目变更手续也是申请人可以视需要选择的一项手续。

申请人提出申请以后，请求书中填报的发明人、申请人、专利代理机构等内容都不能随便更改，需要更改的要办理著录项目变更手续。

办理著录项目变更手续时，应当向专利局提交著录项目变更申报书，在其中填明变更的项目及变更前后的情况，涉及发明人、申请人、专利代理机构的部分变更，还需要附具说明变更理由的证明材料并缴纳规定的费用。具体要求说明如下。

5.2.1 发明人、设计人的变更

发明人、设计人的变更主要分为以下三种情况。

一种是发明人、设计人姓名的变更。这只是一种名义的变更，不涉及权利的变化，通常指发明人、设计人姓名书写错误（书写错误指同音字、错别字等）或发明人、设计人更改姓名的情况。发明人、设计人姓名书写错误的，除提交著录项目变更申报书以外，还应当附具由被错写姓名的发明人签章的声明及其身份证的复印件；发明人、设计人更改姓名的，除提交著录项目变更申报书以外，还应当附具户籍部门出具的有关更改姓名的证明，证明文件中需写明变更前和变更后的姓名。

另一种是发明人、设计人变更。发明人的变更（包括人数增减）主要是由于申请人申报不当或由于发明权争议发生的。

由于申报不当需要变更发明人的，应当由申请人或代理师办理变更手续，除提交著录项目变更申报书以外，并应当附具由变更前全体发明人及全体申请人签章的证明文件，写明发明人变更的理由，并提供证明所主张的发明人对本发明创造的实质性特点作出创造性贡献的证据。

对发明权有争议的，可以请求地方知识产权行政管理机关调解或向人民法院起诉。经过地方知识产权行政管理机关调解或人民法院裁决后归还发明权的，合法的发明人可以凭发生法律效力的处理决定或判决书，请求国家知识产权局专利局办理著录项目变更手续。

还有一种是发明人、设计人更改中文译名的变更。主要指外国人更改中文译名或由于代理机构翻译错误请求变更的情况。

由于外国人更改中文译名请求变更的，除提交著录项目变更申报书外，还应提交发明人的声明。

由于专利代理机构翻译错误请求变更的，除提交著录项目变更申报书外，还应提交专利代理机构签章的改正错误的声明。

对于进入中国国家阶段的国际申请初步审查合格后提出更改发明人中译名的，应提交著录项目变更申报书和发明人签章的声明。

5.2.2　申请人（或专利权人）的变更

申请人（或专利权人）的变更主要有五种情况。

（1）申请人姓名或者名称的变更

申请人姓名或者名称的变更是指权利主体不变，其姓名或者名称发生变化的变更。申请人是个人的姓名变更一般分为以下三种情况。

一种是申请人姓名书写错误。申请人姓名书写错误，应提交著录项目变更申报书、个人签章的声明及身份证明复印件。

另一种是更名。申请人是个人的，变更姓名时除提交著录项目变更申报书以外，还应附具户籍部门出具的更改姓名的证明；

申请人是单位的，变更单位名称时，除提交申报书外，还应附具上级主管部门同意改变名称的批文，或者在工商行政管理部门改变名称的登记证明。

还有一种是外国人、外国企业或者外国其他组织中文译名的变更也归为企业名称的变更，所提交的证明文件有所不同。这里所谓中文译名的变更是指不由外文名称变更引起的，单纯中文译名的变更。除提交著录项目变更申报书外，还需要提交申请人或专利权人签章的更改中文译名的声明。如果由于代理机构翻译错误而导致的中文译名变更，应提交代理机构签章的声明。

以上情况，对有电子申请账户的申请人，通常应先做好电子申请账户注册信息的变更，再办理著录项目变更手续。

（2）继承申请权、专利权

由于原申请人死亡，按照继承法通过继承获得申请权的，办理变更手续时除提交著录项目变更申报书以外，并应当附具经公证的继承证明；如果要求变更的不是全部合法继承人，还应当有经公证的其他合法继承人表示同意或表示放弃的声明。

（3）转让或赠与申请权（专利权）

专利申请人或专利权人因权利的转让或赠与发生权利转移而请求变更的，应提交转让合同的原件或经公证的复印件。有多个专利申请人或专利权人时，应提交全体权利人同意转让的证明材料。

对于发明或者实用新型专利申请或者专利，发生涉及境外居民或法人的专利申请权或专利权的转让时，应当符合下列规定：

①当转让方、受让方均属境外居民或法人时，必须向专利局提交双方签章的转让合同转让文本原件或经公证的复印件；

②当转让方属于中国大陆地区的法人或个人，受让方属于境外居民或法人时，除提交双方签字或者盖章的转让合同文本原件或经公证的复印件外，必须同时出具国务院商务主管部门颁发的

《技术出口许可证》，或者国务院商务主管部门、地方商务主管部门颁发的《自由出口技术合同登记证书》以及与该许可证或登记证书相对应的《技术出口合同数据表》；

③当转让方属于境外居民或法人，受让方属于中国大陆地区法人或个人时，必须向国家知识产权局出具双方签章的转让合同文本原件；

上述①～②中的境外居民或法人是指在中国大陆没有经常居所或营业所的外国人、外国企业、港、澳、台的居民或法人。在中国大陆有经常居所或营业所的，可按中国居民或法人专利申请权和专利权转让的规定办理。

申请人为法人时因其合并、重组、分立、撤销、破产或改制而引起的著录项目变更必须出具具有法律效力的文件。

（4）因权属纠纷而转移申请权（专利权）

专利申请权或专利权归属纠纷通过协商解决的，应提交全体当事人签章的专利申请权或专利权转移协议书。

通过地方知识产权管理机关调解或人民法院调解解决纠纷的，可提交该部门出具的调解书，调解书中应明确专利申请权或专利权的归属，并由双方当事人签章，同时加盖调解机关公章。

通过人民法院判决解决权属纠纷的，应提交人民法院判决书。

通过仲裁机构调解解决权属纠纷的，应提交加盖双方签章及仲裁委员会印章的调解书。

通过仲裁机构裁决解决纠纷的，应提交仲裁裁决书。裁决书应明确权力的最终归属，并加盖仲裁机构公章。

（5）改正申报的差错

由于原申请人在申请时请求书填写不当，漏填或者错填申请人，要求通过办理著录项目变更改正差错的，除提交著录项目变更申报书以外，并附具原申报不当的详细说明或者应予改正的证据或证明。

申请人变更后，原申请人办理的各种已经生效的法律手续对变更后的申请人具有约束力，但是专利代理委托关系中止，变更后的申请人要委托专利代理的，应当重新办理专利代理委托手续。在有多个申请人的情况下，如果变更的只是部分申请人的专利代理委托关系，也可以不中止，但是新增加的申请人应当补办专利代理委托手续，提交经其签章的专利代理委托书。

5.2.3 专利代理机构的变更

专利代理机构的变更包括申请人要求委托、撤销或者更换专利代理机构，以及专利代理机构本身名称地址变更两类情况。

（1）申请人提出申请时未委托代理机构的，在审查过程中要求委托的，应提交著录项目变更申报书及相应的委托书。

申请人要求更换专利代理机构，应当提交著录项目变更申报书并附具撤销原专利代理机构的解聘书，以及委托新的专利代理机构的专利代理委托书。解聘书没有统一格式，可由申请人自行打印后签章生效。变更专利代理机构需要缴纳变更手续费。

申请人撤销代理机构的，应提交著录项目变更申报书及相应的解聘书。

（2）专利代理机构本身改变名称或地址，应当依次办理以下手续：一是向国家知识产权局条法司专利代理管理处备案；二是有电子申请账户的代理机构在国家知识产权局条法司完成备案后，还需要进行电子申请账户注册信息变更。

5.2.4 其他项目的变更

主要的还有申请人地址的变更，单位指定的联系人或代理机构指定的代理师的更换及变更等。这些变更一般不要求附具证明，只要申请人或专利代理机构提交经过签章的著录项目变更申报书就可以办理。但也有一些情况下需要出具证明文件的情况，如以下所述。

（1）纸件申请变更申请人地址，需提交申请人身份证复印件。

（2）单位申请人变更地址，且变更后地址与原地址为不同省/直辖市/自治区的，需提交工商行政管理部门出具的企业迁址证明或带有变更后企业地址的加盖企业公章的企业营业执照复印件。

（3）因填写错误需要更正申请人身份证件号码/组织机构代码/统一社会信用代码的，应提交带有签章及变更后号码的身份证/营业执照等证件的复印件。有其他情况需要提交证明文件的，按照审查员的审查意见办理。

5.3　请求提前公布与请求实质审查的手续

5.3.1　请求提前公布

请求提前公布是申请人视情况办理的一项手续，它只适用于发明专利申请。

专利申请公布以后，其记载的技术即成为现有技术。根据《专利法》的相关规定，从公布发明专利申请到授权公告的期间内，申请人可以获得对该发明专利申请的"临时保护"。

发明专利申请通常应当在自申请日（有优先权的，指优先权日）起满 18 个月予以公布。发明专利的申请人出于某些考虑可能希望更早地公布其发明专利申请，而不是等到自申请日起满 18 个月，在此情形下，申请人可以请求提前公布其专利申请。

对于发明专利新申请、新进入国家阶段的 PCT 申请来说，请求提前公布可以在发明专利请求书、国际申请进入中国国家阶段声明中勾选相应的"请求早日公布该专利申请"项。申请日或进入日后请求提前公布的，则应当提交单独的"发明专利请求提前公布声明"专利表格。表格填写的具体要求可参阅本书第5.1.5节的相关内容。请求提前公布声明应当由申请人签章，委托专利代理机构的应当由专利代理机构签章，有多个申请人且未委托专利代理机构的，应当由代表人签章。

声明生效后，专利局将在申请文件初审合格后立即予以公布。

5.3.2 请求实质审查的手续

仅发明专利申请需办理请求实质审查的手续。

实质审查请求（以下简称实审请求）可以在申请的同时提出，也可以在申请日后提出，但是最晚应当在自申请日（有优先权的，指优先权日）起3年之内提出，并在此期限内缴纳实质审查费。

对于分案申请，期限应当从原申请日起算。如果分案申请提出时实质审查请求的期限已经届满或者自分案申请递交日起至实质审查请求的期限届满日不足2个月，则申请人可以自分案申请递交日起2个月内或者自收到受理通知书之日起15日内补办实质审查请求手续。

对于发明专利新申请、新进入国家阶段的PCT申请，提出实审请求可以在发明专利请求书、国际申请进入中国国家阶段声明中勾选"请求实质审查"项。申请日或进入日后提出实审请求的，则应当提交单独的"实质审查请求书"专利表格。表格填写的具体要求可参阅本书第5.1.5节的相关内容。实质审查请求书应当由申请人签章，委托专利代理机构的应当由专利代理机构签章，有多个申请人且未委托专利代理机构的，应当由代表人签章。

在实质审查请求的提出期限届满前 3 个月时，申请人尚未提出实质审查请求的，专利局将发出期限届满前通知书。申请人已在规定期限内提交了实质审查请求书并缴纳了实质审查费，但实质审查请求书的形式仍不符合规定的，专利局将发出视为未提出通知书；如果期限届满前通知书已经发出，则专利局将发出办理手续补正通知书，通知申请人在规定期限内补正；期满未补正或者补正后仍不符合规定的，专利局将发出视为未提出通知书。

申请人未在规定的期限内提交合格的实质审查请求书，或者未在规定的期限内缴纳或者缴足实质审查费的，专利局将发出视为撤回通知书。

实审请求经审查合格的，专利局将在发明专利申请公布后发出发明专利进入实质审查阶段通知书，并在专利公报上予以公告。

申请人在提出实质审查请求的同时，应当提交申请日以前（要求优先权的，指优先权日以前）与其发明有关的参考资料。发明专利已在外国提出过申请的，专利局可以要求申请人在指定期限内提交该国为审查其申请进行检索的资料或者审查结果的资料，无正当理由逾期不提交的，该申请即被视为撤回。提交上述资料的，应当在发明专利请求书（实审请求在申请时提出）或实质审查请求书的文件或附件栏目中写明。

申请人在提出实审请求时，或者在收到专利局发出的发明专利进入实质审查阶段通知书之日起的 3 个月内，可以对发明进行主动修改，对申请文件的修改不得超出原说明书和权利要求书记载的范围。申请人也可以在请求实质审查时声明放弃该主动修改的权利。

5.4　恢复权利手续

在专利的申请、审查、授权和维持的过程中，当事人都可能会遇到因延误期限导致专利申请权（或专利权）丧失的情况（即专利申请被视为撤回、专利被视为放弃或专利权终止等）。

其中，有些是当事人不了解相关法律法规和审批程序耽误了办理手续的时间造成的；有些是当事人由于管理上的疏忽延误了办理手续的期限造成的；有些则是当事人基于时间、精力或申请策略等方面的考虑不愿将程序进行下去而放弃办理手续造成的。

在实际操作中，专利局无法区分这些不同情况，所以对逾期未办理规定手续的，都要发出权利丧失的处分决定（即视为撤回通知书、视为放弃取得专利权通知书或专利权中止通知书等），告知权利丧失的原因。当事人在收到权利丧失的处分决定后，可以根据《专利法实施细则》第 6 条的规定向专利局请求恢复权利。但是，因耽误不丧失新颖性宽限期、优先权期限、专利权期限和侵权诉讼时效这四种期限而造成的权利丧失，不能根据《专利法实施细则》第 6 条的规定请求恢复。

请求恢复权利的，应当提交"恢复权利请求书"，说明耽误期限的理由。同时还应当补办因正当理由的障碍而未完成的各种应当办理的手续，即提交相关文件或/并补缴应当缴纳的相关费用。另外，根据《专利法实施细则》第 6 条第 2 款提出恢复权利请求的还应当缴纳恢复权利请求费 1000 元；根据《专利法实施细则》第 6 条第 1 款请求恢复权利的还应当附具有关的证明材料。

根据《专利法实施细则》第 6 条第 2 款规定请求恢复权利的，应当在收到专利局的处分决定之日起 2 个月内提出恢复权利请求，并办理相关手续。例如：申请人重病住院或因公出国，耽误了办理实审请求的期限，因而专利申请被视为撤回。这时申请人如请求恢复权利，应当在自收到视为撤回通知书之日起 2 个月内提交恢复权利请求书，并补办实审请求手续（即提交实质审查请求书并补缴实审请求费），同时缴纳恢复权利手续费 1000 元。

根据《专利法实施细则》第 6 条第 1 款规定请求恢复权利的，应当自障碍消除之日起 2 个月内，最迟自期限届满之日起 2 年内提出恢复权利请求，并办理相关手续。

恢复权利请求需经专利局批准。专利局审批的主要依据如下。

①恢复权利请求是否在《专利法实施细则》第 6 条规定的期限内提出；

②恢复权利请求的手续是否齐备，即提交恢复权利请求书、补办专利申请被视为撤回前应当办理的手续，缴纳恢复权利请求费或提交相关证明文件。

对于已在规定期限内提交了书面请求或缴足了恢复权利请求费，但仍不符合规定的，专利局发出办理恢复权利手续补正通知书，要求当事人在指定期限之内补正或者补办有关手续。对于恢复权利请求的手续符合规定的，或经补正后符合规定的，专利局准予恢复权利。对于期满未补正或经补正后仍不符合规定的，专利局不予恢复权利。

专利局对恢复权利请求的审批结果通过恢复权利审批通知书通知当事人。当事人对审批结果存有异议的，可以提交意见陈述书向专利局提出，也可在接到不同意恢复的通知后 30 天内，向专利局行政复议处提出行政复议。

5.5　中止程序

由于发明创造产生过程的复杂性及无形财产权本身的特点，对专利申请权、专利权的归属发生争议是难免的。权属纠纷发生后，纠纷当事人应当请求有管辖权的地方知识产权管理部门调解或者向有管辖权的中级人民法院起诉。为了防止在调解或者诉讼过程中，作为标的的专利申请权或者专利权受到损害，当事人可以请求专利局中止有关程序，或者在法院裁定对专利权采取保全措施时，专利局可以根据权利归属纠纷当事人的请求或法院的要求中止有关程序。

请求专利局中止有关程序的，应当由权属纠纷当事人提交中止程序请求书，并附具地方知识产权管理部门或者人民法院出具的写明专利申请号（或专利号）的有关受理文件，经专利局审查同意中止的，将通知双方当事人，执行中止程序。

在中止程序启动以后，专利局将采取下列措施。

①暂停专利申请的初步审查、实质审查、复审、授予专利权和专利权无效宣告程序；

②暂停视为撤回专利申请、视为放弃的专利权、未缴年费终止专利权等程序；

③暂停办理撤回专利申请、放弃专利权、变更申请人（或专利权人）的姓名或名称、转移专利申请权（或专利权）、专利权质押登记等手续。

权属纠纷当事人提出的中止请求的中止期限一般不超过1年。相关权属纠纷在1年内未能结案，需要继续中止程序的，应当由中止程序请求人在中止期限届满前提交延长期限请求，并提交权属纠纷受理部门出具的说明尚未结案的证明文件。中止程序可以延长一次，延长的期限不超过6个月。

中止期限届满，或专利局收到专利管理机关或者人民法院的发生法律效力的调解书或者判决后，中止程序结束，专利局自行恢复有关程序。

经过调解或判决，申请人或者专利权人有变更的，应当在3个月内办理著录项目变更手续，期满当事人未办理变更手续的，视为放弃取得专利申请权或者专利权。

专利局因人民法院要求对专利申请权（或专利权）协助执行财产保全的，同样执行中止程序。中止程序的期限为协助执行通知书中标注的期限。保全期满或专利局收到要求协助执行财产保全的人民法院送达的解除保全通知后，专利局自行恢复有关程序。

5.6　纸件申请的邮路查询手续

如果当事人未及时收到通知书或者专利证书，可以通过国家知识产权局的政府网站（http：//www. cnipa. gov. cn）中的退信信息查询页面或者向国家知识产权局客户服务中心（电话：010 - 62356655）查询是否被邮局退回专利局。如果信件没有被退回专利局，当事人可以提交"意见陈述书"请求专利局对信件进行邮路查询。符合邮路查询条件的，专利局发文部门通过当地邮局查询收件人所在的邮政部门。

查询结果表明未送达的责任在专利局或者邮局的，专利局按照新的发文日重新发出有关通知和决定或专利证书；查询结果表明未送达的责任在收件人所在单位收发部门或者收件人本人及其有关人员的，专利局可以根据当事人的请求重新发出有关通知和决定的复印件，但不变更发文日，不重新发出专利证书。

向专利局提出邮路查询请求的时效为 10 个月，自专利局发出通知和决定或专利证书的发文日起计算。

第6章　发明专利初步审查

6.1　发明专利初步审查概述

一项发明创造从提出申请到被授予专利权需要经过多个审查程序和事务处理程序。审查一般分为两类：一类是对要求获得专利保护的发明创造是否具有新颖性、创造性和实用性为主要审查内容的专利性条件的审查，即实质审查；另一类是对专利申请以及专利申请手续是否符合专利法及其实施细则的规定的审查，即初步审查。

根据《专利法》第34条的规定，专利局收到发明专利申请后，经初步审查认为符合《专利法》要求的，自申请日起满18个月，即行公布。专利局也可以根据申请人的请求早日公布其申请。因此，对于发明专利申请，初步审查是受理之后、公布之前的一个必经程序。

6.1.1　发明专利初步审查的目的和作用

发明专利的初步审查是在发明专利申请被受理并且申请人在规定的期限内缴足申请费后进行的。只有在初步审查合格之后，专利申请才能进入下一个规定的审查程序。

通过初步审查程序，申请人可以采用补正的方式来消除申请文件中不符合《专利法》及其实施细则的形式问题，以满足公布出版的要求。对于无法克服的缺陷，例如涉及违反国家法律法规、社会公德、妨害公共利益的发明创造，以及不属于专利保护范围的申请，将在初审阶段被驳回，从而节省申请人的时间和精力，同时也节约了审查资源。

此外，在初步审查阶段，审查员会对申请人提交的与专利申请有关的手续类文件进行审查，使得这些文件符合《专利法》及其实施细则的规定，从而保证手续办理的合法性和有效性，例如著录项目变更手续、委托专利代理机构的手续等。

6.1.2　发明专利初步审查的范围及内容

发明专利申请的初步审查主要包括了专利申请文件和其他文件的形式审查、明显实质性缺陷的审查、与专利申请有关的手续和文件的审查以及相关费用的审查。

（1）专利申请文件的形式审查

在初步审查阶段，主要进行的是形式审查，涉及实质内容的审查不属于初步审查的范围。形式审查是指对发明人、申请人的资格，申请人所委托的代理机构和代理师的资格、申请人递交的与申请相关的各种文件的格式、文字和附图或者图片是否符合出版的要求进行的审查。主要包括：①专利申请文件中是否包含《专利法》第 26 条规定的申请文件，例如：发明专利申请应当提交请求书、说明书及其摘要和权利要求书等文件；②专利申请文件格式上是否明显不符合《专利法实施细则》第 16 条至第 19 条、第 23 条的规定，例如：请求书中缺少申请人地址、邮编信息、说明书中是发明名称与请求书中不一致等；③提交文件的手续是否符合《专利法实施细则》第 2 条、第 3 条、第 26 条第 2 款、第 119 条、第 121 条的规定，例如：提交的文件是否使用中文、涉及遗传资源的是否提交了遗传资源来源披露登记表、提交的文件是否由申请人或代理机构签章等。

（2）专利申请文件的明显实质性缺陷审查

明显实质性缺陷审查是发明专利初步审查阶段的一项重要审

查内容，主要指根据法律规定对某些发明创造明显不属于《专利法》规定的保护范围或者某些发明创造明显违反法律、社会公德和妨碍公共利益、公共秩序等内容的审查。主要包括：①专利申请是否明显属于《专利法》第 5 条的情形，即发明创造是否违反法律、社会公德或者妨害公共利益，以及就依赖该遗传资源完成的发明创造，其遗传资源的获取或者利用是否明显违反法律、行政法规的规定；②专利申请是否明显属于第25 条规定的情形，即发明创造是否属于不授予专利权的主题，例如科学发现、智力活动的规则和方法、疾病的诊断和治疗方法、动物和植物品种、用原子核变换方法获得的物质；③是否不符合《专利法》第 18 条、第 19 条第 1 款的规定，即外国申请人是否符合要求的资格，以及其是否按要求委托代理机构；④是否第 20 条第 1 款的规定，即是否属于未经专利局进行保密审查而擅自向外国申请专利后，对就相同内容提出的专利申请；⑤是否明显不符合《专利法》第 2 条第 2 款、第 26 条第 5 款、第 31 条第 1 款、第 33 条或者《专利法实施细则》第 17 条、第 19 条的规定，即专利申请是否符合发明的定义、依赖遗传资源的发明创造是否写明遗传资源的来源、是否符合单一性要求、修改是否超出原始提交文件的范围以及说明书和权利要求书的撰写是否明显不符合要求。

（3）其他文件的形式审查

主要指专利审批流程中的事务处理，即对专利申请手续以及与文件、手续相关事务进行的审查。主要包括：①委托手续(《专利法实施细则》第 15 条第 3 款和第 4 款)；②要求优先权(《专利法》第 29 条、第 30 条，《专利法实施细则》第 31 条第 1 款至第 3 款、第 32 条、第 33 条)；③生物材料样品保藏(《专利法实施细则》第 24 条)；④分案申请(《专利法实施细则》第 42 条、第 43 条)；⑤不丧失新颖性公开(《专利法》第 24 条、《专利法实施细则》第 30 条)；⑥提前公布(《专利法实施细则》第 46 条)；⑦专利费用减缴(《专利法实施细则》第 100 条);⑧中止手续(《专利法实施细则》第 86 条、第 87 条);⑨专利申请权和专利权的转让(《专利法》第 10 条);⑩恢复手续(《专利法实施细则》第 6 条);⑪撤回专利申请(《专利法实施细则》第 36 条);⑫保密手续(《专利法实施细则》第 4 条);⑬外文证明文件中文译文(《专利法实施细则》第 3 条);⑭文件提交形式(《专利法实施细则》第 2 条);⑮补交附图修改申请日(《专利法实施细则》第 40 条);⑯提交文件的视为未提交(《专利法实施细则》第 45 条)。

（4）有关费用的审查

包括专利申请是否按照《专利法实施细则》第 93 条、第 95 条、第 96 条、第 99 条的规定缴纳了相关费用。

（5）期限监视

初步审查中，也包括对《专利法》及其实施细则中规定的或专利局指定的各种期限的监视，以及对逾期的处理。例如：申请人是否在规定期限内提交了在先专利申请文件副本、申请人是否在补正通知书中期限内提交了补正文件等。

6.1.3 发明专利初步审查的流程

发明专利申请的初步审查流程如图 6－1 所示，当申请被受理、申请人缴足申请相关费用，并且通过保密审查之后，该申请将进入初步审查程序。初审审查员将对该申请进行全面的审查。

首先，审查员会对文件是否有明显实质性缺陷进行审查，如果存在，直接发出审查意见通知书，申请人应当在规定期限内陈述意见或进行修改，如果答复仍未消除缺陷，则该申请被驳回；如果不存在明显实质性缺陷，则审查员对申请文件的形式问题进行审查。

其次，当专利申请文件和其他文件存在形式缺陷时，审查员会发出相应的补正通知和/或办理手续补正通知书，申请人应

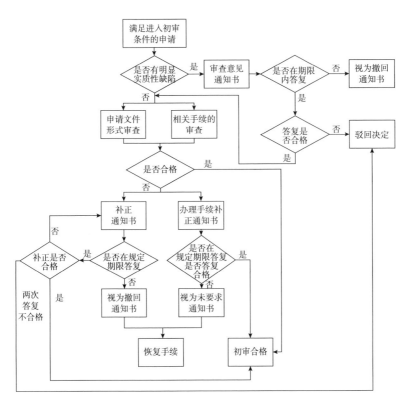

图 6 - 1　发明专利申请初步审查流程

当在规定的期限内进行补正，补正合格，审查员发出发明专利申请初步审查合格通知书；补正不合格，审查员可以再次发出补正通知书。

6.1.4　发明专利初步审查的结局

图 6 - 2 展示了发明专利初步审查的结局，包括以下六种。

（1）初审合格

经初步审查，对于专利申请文件符合《专利法》及其实施细则有关规定并且不存在明显实质性缺陷的专利申请，包括经过补

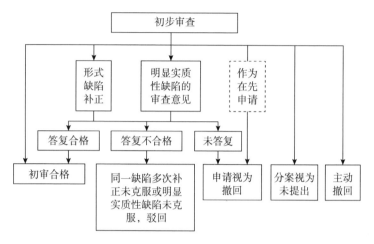

图6-2 发明专利申请初步审查的结局

正符合初步审查要求的专利申请，应当认为初步审查合格。专利局发出发明专利申请初步审查合格通知书，在通知书中指明公布所依据的申请文本。

（2）视为撤回

初步审查中，如果专利申请文件存在形式问题，专利局对该缺陷发出补正通知书，但申请人未在规定期限内对该补正通知书进行答复，或在期限之后提交补正文件，则该申请将被视为撤回。同样，如果专利申请文件存在明显实质性缺陷，专利局发出审查意见通知书，而申请人未在规定期限内答复，或答复逾期，该申请也会被视为撤回。

注意，申请人在收到视为撤回通知书2个月内，可以办理恢复权利手续。

（3）主动撤回

主动撤回程序是由申请人提出的，即如果申请人主动提交《撤回专利申请声明》，并且由全体申请人签字或盖章，经审查，符合规定的，专利局将发出手续合格通知书，审查程序终止。如果申请人提交的手续不符合规定，则专利局会发出视为未提出通知书，审查程序继续。

需要注意的是，撤回专利申请不得附有任何条件。此外，如果《撤回专利申请的声明》是在专利申请进入公布准备后提出的，专利申请文件将照常公布或公告，但审查程序终止。

（4）驳回

当专利申请文件存在明显实质性缺陷，申请人收到审查意见通知书后，可以陈述意见或进行修改，但修改不得超过原始申请的范围。如果申请人的陈述或修改后的文件仍未消除该缺陷，则专利局将作出驳回决定。

另一种情况是，申请人对审查员针对同一缺陷发出的两次补正通知书均进行答复后，仍未消除缺陷时，专利局可以做出驳回决定。

申请人对驳回决定不服的，可以向专利复审委员会提出复审请求。

（5）分案视为未提出

对于分案申请，申请人最迟应当在收到专利局对原申请作出授予专利权通知书之日起 2 个月期限（即办理登记手续的期限）届满之前提出分案申请。上述期限届满后，或者原申请已被驳回，或者原申请已撤回，或者原申请被视为撤回且未被恢复权利的，一般不得再提出分案申请。如果分案申请的递交时间不符合以上要求，该分案申请将被视为未提出，申请程序终止。

（6）在先申请的撤回

对于要求本国优先权的申请，在后申请成立时，在先申请自在后申请提出之日起视为撤回。同一般的视为撤回不一样的是，该种情况下的视为撤回不能办理恢复手续。被撤回的在先申请的审查程序终止。

6.1.5　发明专利初步审查中常见的通知书

发明专利初步审查中涉及的通知书主要包括以下几类。

（1）补正类

1）补正通知书

初步审查时，当专利申请文件存在形式问题时，审查员会发出补正通知书。在补正通知书中，会写明申请存在的形式问题，申请人应当对指出的问题进行修改，并在收到补正通知书 2 个月内提交补正文件。

申请人提交的补正文件合格，并且不存在其他问题时，审查员发出发明专利申请初步审查合格通知书；

申请人提交的补正文件不合格的，审查员可以再次发出补正通知书。但是，如果针对同一问题，审查员发出过两次补正通知书，而申请人均未补正合格时，审查员可以作出驳回决定。

申请人未在规定的期限内提交补正文件，或提交补正文件逾期的，该申请被视为撤回，申请人可以在收到视为撤回通知书 2 个月内办理恢复手续。

2）办理手续补正通知书

初步审查时，当手续类文件存在形式问题时，例如优先权、生物材料样品保藏等手续，审查员会发出办理手续补正通知书，申请人也应当在收到办理手续补正通知书 2 个月期限内提交补正文件。

申请人提交的补正文件合格，并且不存在其他问题时，审查员发出发明专利申请初步审查合格通知书。

申请人提交的补正文件不合格的，或未在规定的期限内提交补正文件，或提交补正文件逾期的，根据办理的手续不同，审查员发出相应视为未要求类通知书。根据指出缺陷的不同，在有些情况下，申请人可以自收到该通知书 2 个月内办理恢复手续，具体的规定见本章初步审查的具体要求部分。

需要注意的是，如果某种手续被视为未要求，仅指该手续不合格，而申请本身可以继续审查程序。

128

3）审查意见通知书

初步审查中，对于专利申请文件存在不可能通过补正方式克服的明显实质性缺陷时，审查员会发出审查意见通知书。审查意见通知书中会指明专利申请存在的实质性缺陷，并说明理由。

申请人提交的意见陈述或修改后的补正文件合格，审查员可以继续对申请文件进行审查。

申请人提交的意见陈述或修改后的补正文件不合格的，审查员将发出驳回通知书。申请人对驳回决定不服的，可以自收到该通知书3个月内向专利复审委员会提交复审请求。

申请人未在规定的期限内提交意见陈述或修改后的补正文件的，或提交文件逾期的，该申请被视为撤回，申请人可以在收到视为撤回通知书2个月内办理恢复手续。

4）办理恢复手续补正通知书

该通知书见于恢复手续中，即在申请人提交的恢复权利请求及相应的补正文件不符合规定的，审查员会发出办理恢复手续补正通知书，申请人应当在收到该通知书之日起1个月内提交补正文件。

申请人提交的补正文件合格，审查员发出同意恢复的恢复权利审批通知书。

申请人提交的补正文件不合格，或未在规定的期限内补正文件，或提交文件逾期的，审查员发出不予恢复的恢复的恢复权利审批通知书。

（2）视为未要求类

1）视为未要求优先权通知书

当要求优先权的手续不符合《专利法》和《专利法实施细则》的相关要求时，审查员会发出视为未要求优先权通知书，例如，未在申请日起3个月内提交在先申请文件副本。

或者当申请人对审查员发出的办理手续补正通知书答复不合

格，或未在规定期限内答复时，审查员也会发出视为未要求优先权通知书。

2）视为未委托专利代理机构通知书

对于委托专利代理机构，根据第一申请人国籍的不同，发出的通知书类型也不同，其后果也不相同。

第一署名申请人为中国内地的申请人，或在中国内地有经常居所或营业所的外国申请人或港澳台申请人时，当委托手续不符合相关要求，审查员会发出办理手续补正通知书，当申请人答复不合格，或未在规定期限内答复时，审查员将分别向专利代理机构和申请人发出视为未委托专利代理机构通知书。申请人收到该通知书时，可以重新委托专利代理机构，也可以自行办理后续申请事宜。

第一署名申请人为外国的申请人或港澳台申请人，或是在中国内地没有经常居所或营业所的外国申请人或港澳台申请人时，当委托手续不符合相关要求，审查员会发出补正通知书，如果申请人答复不合格，审查员可以再次发出补正通知书；如果申请人未在规定期限内答复时，审查员将发出视为撤回通知书。

3）视为未要求新颖性宽限期通知书

当要求新颖性宽限期的手续不符合《专利法》和《专利法实施细则》的相关要求时，审查员会发出视为未要求新颖性宽限期通知书，例如：未在申请日起2个月内提交相应的证明文件。或者当申请人对审查员发出的办理手续补正通知书答复不合格，或未在规定期限内答复时，审查员也会发出视为未要求新颖性宽限期通知书。

4）生物材料视为未保藏通知书

当生物材料样品保藏手续不符合《专利法》和《专利法实施细则》的相关要求时，审查员会发出生物材料视为未保藏通知书，例如，未在申请日起4个月内提交保藏证明和存活证明。或者当申请人对审查员发出的办理手续补正通知书答复不合格，或未在规定期限内答复时，审查员也会发出生物材料视为未保藏通知书。

（3）审批决定类

1）驳回决定

对审查意见通知书的答复不合格时，发出驳回决定。

2）视为撤回通知书

未在规定期限内答复补正通知书或审查意见通知书时，发出视为撤回通知书。

3）分案视为未提出通知书

当分案的递交日不符合《专利法》和《专利法实施细则》的要求时，发出分案视为未提出通知书。需要注意的是，该通知书没有恢复期，案件直接做结案处理。

4）恢复权利请求审批通知书

申请人办理的恢复手续合格时，发出同意恢复的恢复权利审批通知书。

申请人办理的恢复手续不合格时，发出不予恢复的恢复权利审批通知书。

5）手续合格通知书

申请人提交的某些请求合格后，发出手续合格通知书，例如著录项目变更申报书、撤回专利申请声明等。

6）视为未提出通知书

当申请人提交的文件存在形式缺陷时，发出视为未提出通知书，例如提交的补正书未经申请人或代理机构签章、提交的意见陈述书中记载的发明名称或申请人信息与本申请不一致等。

需要注意的是，该通知书意味着申请人该次提交的文件未提交，申请人应当再次提交符合规定的文件。

7）发明专利申请初步审查合格通知书

申请符合《专利法》和《专利法实施细则》的要求时，审查员发出发明专利申请初步审查合格通知书，初审阶段结束，案件进入下一阶段。

（4）其他类

1）修改更正通知书

当审查员发出的通知书有误时，或者专利申请文件中存在明显缺陷时，审查员会发出修改更正通知书，予以更正。

2）重新确定申请日通知书

当因某些原因，需要重新确定申请日时，例如专利申请文件的说明书中有对附图的说明，而申请人未提交该附图，申请人补交缺少的附图时，以补交附图之日为申请人，此种情况下，审查员会发出重新确定申请日通知书。

6.1.6 发明专利初步审查阶段通知书的答复

申请人在收到补正通知书、办理手续补正通知书或者审查意见通知书后，应当在指定的期限内补正或者陈述意见。

申请人因正当理由难以在指定的期限内作出答复的，可以提出延长期限请求。

对于因不可抗拒事由或者因其他正当理由耽误期限而导致专利申请被视为撤回的，申请人可以在规定的期限内向专利局提出恢复权利的请求。

（1）补正文件的提交

申请人在审批程序中向专利局办理各种手续，除另有规定的之外，应当以书面形式办理，并且使用专利局制定的统一表格。

申请人对专利申请进行补正的，应当提交补正书和相应修改文件替换页。专利申请文件的修改替换页应当一式一份，其他文件也只需提交一份。

对专利申请文件的修改，应当针对通知书指出的缺陷进行。修改的内容不得超出申请日提交的说明书和权利要求书记载的范围。

对于纸件申请，申请人可以通过邮寄、面交的方式，将文件提交到专利局受理处。

对于电子申请，申请人应当在电子申请客户端提交相应的补正文件。

（2）答复通知书期限的计算

1）期限起算日

全部指定期限和部分法定期限自通知和决定的推定收到日起计算。例如，答复补正通知书的期限是自推定申请人收到补正通知书之日起计算。推定收到日为自专利局发出文件之日（该日期记载在通知和决定上）起满15日。例如，专利局于2016年7月4日发出的通知书，其推定收到日为2016年7月19日。

2）期限届满日

期限起算日加上法定或者指定的期限即为期限的届满日。相应的行为应当在期限届满日之前、最迟在届满日当天完成。

期限的第一日（起算日）不计算在期限内。期限以年或者月计算的，以其最后一月的相应日（与起算日相对应的日期）为期限届满日；该月无相应日的，以该月最后一日为期限届满日。例如，专利局于2008年6月6日发出审查意见通知书，指定期限2个月，其推定收到日是2008年6月21日（遇休假日不顺延），则期限届满日应当是2008年8月21日。

期限届满日是法定休假日或者移用周休息日的，以法定休假日或者移用周休息日后的第一个工作日为期限届满日，该第一个工作日为周休息日的，期限届满日顺延至周一。法定休假日包括国务院发布的《全国年节及纪念日放假办法》第2条规定的全体公民放假的节日和《国务院关于职工工作时间的规定》第7条第1款规定的周休息日。

133

6.2　要求外国优先权的手续

6.2.1　什么是优先权

优先权原则源自于 1883 年签订缔结的《巴黎公约》，其目的是方便成员国国民就其发明创造或商标标识在其本国提出专利申请或者商标注册申请后，在其他成员国申请获得专利权或者注册商标权。因此，优先权原则也在各国专利制度中占有重要地位。《巴黎公约》中规定的优先权是指：申请人在一个成员国首次提出申请后，在一定期限内就同一主题在其他成员国提出申请的，其在后申请在某些方面被视为是在首次申请的申请日提出。首次提出的专利申请成为在先申请，后续提出的专利申请成为在后申请。

优先权的效力是巨大的，因为在我国专利制度中，专利局以优先权日（在先申请日）作为判断专利申请的新颖性和创造性的时间标准，使他人在优先权期限内就相同主题提出的专利申请不具备专利性。也就是说：在优先权日之后、在后申请日之前的这段时间内，与第一次申请主题相同的发明、实用新型或外观设计的公开发表或公开使用，不论是申请人自己所为还是第三人所为，都不损害后来提出并享有优先权的专利申请的新颖性和创造性，并且也不会给第三人带来任何权利。在后申请公布、提出实质审查期限等方面被视为自优先权日起算。此外，申请人可以利用优先权在符合单一性的条件下将若干在先申请合并到一份在后申请中提出；申请人可以在优先权期限内，实现发明专利申请和实用新型专利申请的互相转换。

在我国的专利制度中，优先权大致分为两类：外国优先权和本国优先权。要求外国优先权和要求本国优先权，两者在专利申请中的手续也有所不同。

6.2.2　要求外国优先权的手续

（1）要求外国优先权的前提条件

根据《专利法》第 29 条和《专利审查指南 2010》中的相关规定，要求外国优先权的专利申请需满足以下条件。

1）在先申请应当满足要求。作为优先权基础的在先申请必须是在《巴黎公约》成员国提出的，或者是对该成员国有效的地区申请或者国际申请。对于来自非《巴黎公约》成员国的要求优先权的申请，应当是承认我国优先权的国家。此外，要求优先权的申请人应当是《巴黎公约》成员国的国民或者居民，或者是承认我国优先权的国家的国民或者居民。需要注意的是，作为优先权基础的在先申请应当是正规的国家申请或者是与之相当的其他申请，包括依照成员国纸件缔结的双边或多边条约提出的申请，例如 PCT 申请，而与在先申请随后的法律效力无关。

2）外国优先权的期限应当满足要求。对于发明或实用新型专利，应当在首次申请之日（不含申请日当日）起 12 个月内提出在后申请，对于外观设计专利，应当在首次申请之日（不含申请日当日）起 6 个月内提出在后申请。若期限届满日为节假日或者周末，可以顺延到节假日之后的第一个工作日。例如，优先权日是 2016 年 8 月 19 日，期限届满日是 2017 年 8 月 19 日，但这一日是周六，因此，该届满日顺延到 2017 年 8 月 21 日。在先申请有 2 个以上的，其期限从最早的在先申请的申请日起算。需要注意的是，同日优先权（优先权日与在后申请日是同一天）的情况是不允许的，该在后申请也不能享有优先权。

3）要求外国优先权的在后申请主题应与在先申请主题相同，且作为优先权基础的在先申请应当是针对相同主题的首次申请。

（2）优先权声明

申请人要求外国优先权的，应当在提出专利申请的同时，在发明专利请求书第⑱栏中填写要求优先权声明，如图 6－3 所示。申请人在要求优先权声明中应当规范写明作为优先权基础的在先申请的原受理机构名称、在先申请日和申请号。申请人要求多项优先权的应当依次按照顺序填写。未在请求书中提出声明的，视为未要求优先权，且不予恢复。

例如，申请人在声明中填写了其中一项或两项内容，可以办理补正手续，若三项均未填写，事后不允许恢复优先权。

原受理机构名称一栏可以填写原受理国家/地区名称或国别代码，在先申请是 PCT 国际申请的，其原受理机构名称处可以填写为相应的受理局，或国际局（IB）。

在先申请号一栏应当填写完整的申请号，中间不应有空格或其他注释。

⑱要求优先权声明	原受理机构名称	在先申请日	在先申请号

图 6－3　要求优先权声明的填写

（3）要求外国优先权需要提交的文件和办理手续

1）在先专利申请文件副本

申请人要求外国优先权的，应当在申请日起 3 个月内提交作为优先权基础的在先专利申请文件副本，副本应当由该在先申请的原受理机构出具。期满未提交的，视为未要求该项外国优先权

（可以请求恢复权利）。申请人提交的副本应当为原件，电子申请应当在电子客户端提交在先专利申请文件副本原件的扫描件。

在先专利申请文件副本中至少应当表明原受理机构、申请人、申请日、申请号。副本内容应当完整，要求多项优先权的，应当提交全部在先专利申请文件副本。

在先专利申请文件副本的提交方式有两种：申请人主动提交和通过电子交换途径获取。

①申请人主动提交副本

对于纸件申请，副本应当以纸件方式提交；对于电子申请，或提交副本之前已由纸件申请转为电子申请，那么副本原则上应当以电子方式提交。具体有两种：交互式平台和 CPC 客户端，如图 6 - 4、图 6 - 5 所示。

图 6 - 4　通过交互式平台提交副本

这两种客户端在提交副本时都应当填写在先专利申请文件的相关信息，这些信息会生成在先专利申请文件副本中文题录。填写完题录后，申请人可以在下方插入 PDF 格式的在先专利申请文件副本。

需要注意的是，不论申请人通过何种方式提交副本，都应填

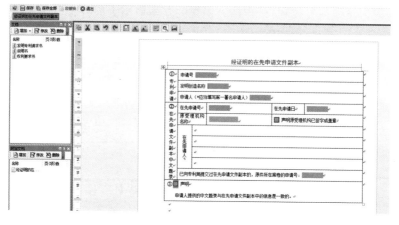

图 6 – 5　通过 CPC 客户端提交副本

写专利申请文件副本中文题录。若申请人想通过电子交换途径获取副本，可以在填写完题录信息后不插入副本。

　　一项优先权仅对应一份题录信息和一份副本，要求多项优先权的，应当分别填写插入副本，不允许将多个副本合为一份文件提交。

　　②通过电子交换途径获取副本

　　电子申请可以通过电子交换途径提交副本，依照专利局与在先申请的受理机构签订的协议，专利局通过电子交换等途径从该受理机构获得在先专利申请文件副本的，视为申请人提交了经该受理机构证明的在先专利申请文件副本。

　　目前专利局通过电子交换获取副本的途径有两种：一种是优先权文件数字查询服务（DAS），另一种是双边优先权数字交换服务（双边）。这两项服务均不收取费用。

　　a. DAS 方式获取副本

　　专利局目前可通过 DAS 方式获取副本的国家或机构有日本、韩国、芬兰、澳大利亚、西班牙、英国以及国际局。

　　申请人想通过 DAS 服务获取副本的应当首先向首次受理局

（OFF，又称交存局）提出交存优先权电子文件的请求，由首次受理局向 DAS 认可的数字图书馆交存该优先权文件；申请人之后或同时向二次受理局（OSF，又称查询局）提出查询电子优先权文件的请求，并通过授权，使得二次受理局可以获得该优先权文件，从而替代传统纸件优先权文件副本的出具及提交方式。

申请人应当在在后申请日起 3 个月内通过电子申请客户端填写并提交《优先权文件数字查询服务（DAS）请求书》（简称 DAS 请求书，如图 6-6 所示）。并按照规定填写请求人姓名或名称、联系电话、请求人用来接收 DAS 确认邮件的邮箱。请求获取副本的应当在请求内容一栏中勾选查询请求，并填写原受理机构名称、在先申请日、在先申请号和接入码，上述内容应当与要求优先权声明中填写内容一致，否则将无法成功获取副本。

例如，经常出现由于请求人名称与签章不符导致优先权文件获取失败的情况，这是因为专利申请委托了代理机构，请求人的签章是该代理机构的签章，而请求人名称一栏却填写了专利申请人的名称，因此申请人应当注意在请求人名称一栏正确填写。

b. 双边方式获取副本

现已开通的双边优先权文件交换服务包括中美、中韩和中欧。申请人无需在首次受理局交存，也无须专门提出请求，只需在提交在后申请时在请求书中优先权声明一栏正确填写三项内容，专利局将主动通过本服务向首次受理局获取优先权文件。

双边交换的启动是在申请时自动启动的，若申请时声明三项填写错误造成交换失败，即使申请人提出请求，也不会再次启动交换服务，申请人应当通过传统方式主动提交副本。

如果是因为优先权文件无法使用、优先权文件副本核证页无法使用、先权文件容量超过预定大小，造成优先权视为未要求的情况，申请人只需在规定期限内提交恢复权利请求书和在先申请文件副本，无须缴纳恢复费。

优先权文件数字接入服务（DAS）请求书　DAS

① 专利申请	申请号				
	请求人姓名或名称（*应当填写第一署名申请人） 北京三友知识产权代理有限公司			联系电话 010-88091921	
	请求人用来接收优先权文件数字接入服务（DAS）确认邮件的电子邮箱（Email） sy@sanyouip.com				
② 请求内容	根据专利法实施细则第31条第1款或专利合作条约实施细则第17条的规定，向国家知识产权局（以下项目二选一）提出：				
	☐ 交存请求： 　　请求使用优先权文件数字接入服务（DAS）将本申请电子形式的文件副本作为在先申请文件副本存入国家知识产权局优先权文件数字图书馆，并在适当时候向参与服务的其它专利局传送该文件副本。				
	☒ 查询请求： 　　请求使用优先权文件数字接入服务（DAS）进行下列优先权文件的查询获取：				
	序号	原受理机构名称	在先申请日	在先申请号	接入码
	1	日本	2016-10-12	2016-201137	DC35
	2				
	3				
	4				
	5				
	6				
	7				
	8				
	9				
	10				
③请求人签字或者盖章 北京三友知识产权代理有限公司 　　　　　　　　　　　　　　　　　　　　　　　　2017年06月08日					

图6-6　优先权文件数字接入服务（DAS）请求书

2）在先申请文件副本中文题录

2016年10月14日，《国家知识产权局关于中国专利受理及初步审查系统上线的业务通知》第 3 条规定：从 2016 年 10 月 22 日起，启用新修订的标准表格。因此，申请人应当采用新的标准表格提交申请，电子申请涉及优先权在先专利申请文件副本的应填写在先专利申请文件副本中文题录。如图 6-7 所示。

中文题录是该申请涉及优先权的副本的摘录信息，替代了原有的在先专利申请文件副本首页译文，故申请人在提交副本时无需单独提交 PDF 格式的首页译文，对于电子申请，仅需在提交副本时填写在先申请的有关信息生成题录即可。

在题录中应当填写①专利申请栏，写明本申请（在后申请）的申请号、发明名称和申请人（有多个申请人的仅需填写第一申请人）；②中文题录信息，写明在先申请号、在先申请日、原受理机构名称、在先申请人，一项优先权中有多个在先申请人时应当分别填写，并勾选原受理机构已签字或盖章。要求多项优先权的应当分别填写，还应当勾选③申请人提供的中文题录与在先专利申请文件副本中的信息一致，并填写④签章。

需要注意的几个问题是：在先申请人信息应当以中文方式填写，不应含有其他注释；要求台湾地区优先权的，也应当填写并提交在先申请文件副本中文题录。

3）费用

申请人要求优先权的应当在缴纳申请费的同时缴纳优先权要求费，期满未缴纳或者未缴足，该项优先权视为未要求。视为未要求优先权或者撤回优先权要求的，已缴纳的优先权要求费不予退回。

优先权要求费每项 80 元。

6.2.3　涉及优先权转让的手续

要求优先权的在后申请的申请人与在先专利申请文件副本中记载的申请人应当一致，或者是在先专利申请文件副本中记载的

在先申请文件副本中文题录

请按照"注意事项"正确填写本表各栏

①专利申请	申请号			
	发明创造名称			
	申请人			
②在先申请文件副本中文题录	在先申请号		在先申请日	
	原受理机构名称		□声明原受理机构已签字或盖章	
	在先申请人	1.		
		2.		
		3.		
		4.		
	已向专利局提交过在先申请文件副本的，原件所在案卷的申请号：＿＿＿＿＿＿			
	在先申请号		在先申请日	
	原受理机构名称		□声明原受理机构已签字或盖章	
	在先申请人	1.		
		2.		
		3.		
		4.		
	已向专利局提交过在先申请文件副本的，原件所在案卷的申请号：＿＿＿＿＿＿			
③□声明	申请人提供的中文题录与在先申请文件副本中的信息是一致的。			
④申请人或专利代理机构签字或者盖章			⑤国家知识产权局处理意见	
年　月　日			年　月　日	

图 6-7　在先申请文件副本中文题录

申请人之一。不符合要求并且在先申请的申请人将优先权转让给在后申请的申请人的，应当在提出在后申请之日起 3 个月内提交由在先申请人签字或盖章的优先权转让证明。

在先申请人与在后申请人不一致大致分为以下几种情形。

（1）确实涉及优先权转让的

申请人应当提交相应的转让证明以及优先权转让证明中文题录，纸件申请的转让证明应当是原件，电子申请应当在客户端提交原件的扫描件。优先权转让证明如果已在专利局备案的，可以仅提交优先权转让证明中文题录，并在题录中填写备案号。

转让证明中至少应当表明转让人、受让人、专利名称或者申请号，并包含全体转让人的签字或签章。

转让证明中文题录是转让证明文件的摘录信息，填写与提交方式与在先申请文件副本中文题录类似，对于电子申请，申请人在提交转让证明时填写相关信息，并插入 PDF 格式的证明文件上传后，会自动生成优先权转让证明中文题录。

题录中填写的主要内容包括：①专利申请栏，写明本申请（在后申请）的申请号、发明名称和申请人（有多个申请人的仅需填写第一申请人）；②中文题录信息，填写在先申请号、转让人和受让人；如果该转让证明已在专利局备案，则还应当填写备案号；此外，还应当勾选"全体当事人和/或出具部门已在证明文件中签字或盖章"。需要注意的是，如果该份转让证明中涉及多个优先权号，则应当分别填写转让信息；③声明，申请人应当勾选"申请人提供的中文题录与先权转让证明中的信息是一致的"；④签章，纸件申请由申请人或代理机构签章，电子申请由电子申请注册用户签章。如图 6-8 所示。

转让证明（中文题录）中的转让人应当与在先专利申请文件副本（中文题录）中的在先申请人一致，例如，在先专利申请文件副本（中文题录）中有中间名，而转让证明（中文题录）中没有中间名，或者有的是中文有的是外文，这都是不允许的。

在先申请具有多个申请人，且在后申请具有多个与之不同的

优先权转让证明中文题录

请按照 "注意事项" 正确填写本表各栏

① 专利申请	申请号		
	发明创造名称		
	申请人		

② 优先权转让证明中文题录	在先申请号	转让人	受让人
	证明文件原件已备案，备案号：_____		□声明全体当事人和/或出具部门已在证明文件中签字或盖章
	证明文件原件已备案，备案号：_____		□声明全体当事人和/或出具部门已在证明文件中签字或盖章
	证明文件原件已备案，备案号：_____		□声明全体当事人和/或出具部门已在证明文件中签字或盖章
	证明文件原件已备案，备案号：_____		□声明全体当事人和/或出具部门已在证明文件中签字或盖章

③□声明	
申请人提供的中文题录与优先权转让证明文件中的信息是一致的。	
④申请人或专利代理机构签字或者盖章 年　月　日	⑤国家知识产权局处理意见 年　月　日

图 6-8　优先权转让证明中文题录

申请人的，可以提交由在先申请的所有申请人共同签字或者盖章的转让给在后申请的所有申请人的优先权转让证明文件；也可以提交由在先申请的所有申请人分别签字或者盖章的转让给在后申请的申请人的优先权转让证明文件。

例如，在先申请人分别是 A 和 B，在后申请人分别是 C 和 D，证明文件可以是由 A 和 B 共同签署转让给 C 和 D 的（A＋B→C＋D），也可以是一份具有 A 签章的转让给 C 的优先权转让证明文件和一份具有 B 签章的转让给 D 的（A→C 和 B→D）；可以是两份具有 A 和 B 共同签章的分别转让给 C 和 D 的（A＋B→C 和 A＋B→D）；还可以是两份分别具有 A 和 B 签章的转让给 C 和 D 的（A→C＋D 和 B→C＋D）。

（2）在先申请人更名或合并的

该种情况下，申请人主体未发生改变，因此不需提交优先权转让证明，只需提交由公安部门或工商管理部门出具的更名的证明文件即可。

6.3 要求本国优先权的手续

6.3.1 要求本国优先权的前提条件

要求本国优先权的专利申请需满足以下条件：

（1）在先申请应当满足要求

①在先申请的主题应当没有要求过优先权，或者提出过要求优先权声明但未享有优先权。例如，A、B、C 三件发明专利申请，申请 B 要求了 A 的优先权，申请 C 要求了 B 的优先权，如果提出申请 C 时，专利局已针对申请 B 发出了视为未要求优先权通知书且未恢复，或者撤回优先权要求的手续合格通知书，则视为申请 B 未享有优先权。

②在后申请提出时，该在先申请的主题，应当尚未授予专利

权，即不应当已缴纳办登费用。

③在先申请应当是发明或者实用新型专利申请，不应当是外观设计专利申请。

④在先申请不应当是分案申请。

（2）本国优先权的期限应当满足要求

要求优先权的在后申请应当是在其在先申请的申请日（不含申请日当日）起 12 个月内提出的。

（3）申请人要求本国优先权的，其在先申请自在后申请提出之日起即视为撤回，且被视为撤回的在先申请不得请求恢复

6.3.2　优先权声明

与外国优先权类似，申请人要求本国优先权的，应当在提出专利申请的同时在请求书中声明，写明作为优先权基础的在先申请的申请日、申请号和原受理机构名称（即中国）。未在请求书中声明的，视为未要求优先权，且不予恢复。

6.3.3　要求本国优先权需要提交的文件和办理手续

要求本国优先权的，在先专利申请文件副本由专利局制作，因此申请人无须提交副本和中文题录，在请求书中写明在先申请的申请日和申请号的，视为提交了在先专利申请文件副本。

申请人要求优先权的应当在缴纳申请费的同时缴纳优先权要求费，期满未缴纳或者未缴足的，该项优先权视为未要求。视为未要求优先权或者撤回优先权要求的，已缴纳的优先权要求费不予退回。优先权要求费每项 80 元。

6.3.4　涉及优先权转让的手续

与要求外国优先权不同的是，要求本国优先权的在后申请的申请人与在先申请中记载的申请人应当完全一致，不能仅仅是其中之一。不一致的，在后申请人应当在提出在后申请之日起 3 个月内提交由在先申请的全体申请人签字或者盖章的优先权转让证明文件。

在先申请人与在后申请人不一致大致分为以下几种情形：

（1）确实涉及优先权转让的

申请人应当提交相应的转让证明以及优先权转让证明中文题录，证明文件格式的相关要求与外国优先权相同。

但需要注意的是，本国优先权与外国优先权不同，外国优先权的在先申请人可以分别转让，而本国优先权需在先申请人全部转让。

例如，在先申请人分别是 A 和 B，在后申请人分别是 C 和 D，证明文件可以是由 A 和 B 共同签署转让给 C 和 D 的（A + B→C + D），可以是两份具有 A 和 B 共同签章的分别转让给 C 和 D 的（A + B→C 和 A + B→D）；还可以是两份分别具有 A 和 B 签章的转让给 C 和 D 的（A→C + D 和 B→C + D）；但不能是一份具有 A 签章的转让给 C 的优先权转让证明文件和一份具有 B 签章的转让给 D 的（A→C 和 B→D）。

还有一种特殊的转让形式：涉外转让——即中国内地申请人将优先权转让给外国申请人的情形。如果要求本国优先权的在先申请的申请人包含中国内地的个人或者单位，在后申请人为外国人、外国企业或者外国其他组织，申请人提交优先权转让证明的同时，还需要提交国务院商务部门颁发的《技术出口许可证》或《自由出口技术合同登记证书》，或者地方商务主管部门颁发的《自由出口技术合同登记证书》。在先申请的申请人包含中国内地的个人或者单位，在后申请人为香港、澳门或者台湾地区的个人、企业或者其他组织的，参照以上规定办理。

（2）在先申请人更名或合并的

参照外国优先权处理。

6.4 涉及生物材料的专利申请

对于涉及生物材料的专利申请，申请人除应当使申请符合《专利法》及其实施细则的有关规定外，还应注意以下事项。

6.4.1 生物材料样品的保藏

申请人应当在申请日前或者最迟在申请日（有优先权的，指优先权日）将该生物材料样品提交至国家知识产权局认可的生物材料样品国际保藏单位保藏，即保藏单位应当是《国际承认用于专利程序的微生物保存布达佩斯条约》下的微生物国际保藏单位。不符合规定的，生物材料样品将被视为未保藏。

目前我国有三家保藏中心是《布达佩斯条约》承认的生物材料样品国际保藏单位，承担用于专利程序的生物材料保藏以及向有权获得样品的单位或者个人提供所保藏的生物材料样品的工作，分别是中国普通微生物菌种保藏管理中心、中国典型培养物保藏中心、广东省微生物菌种保藏中心，分别位于北京市、湖北省武汉市和广东省广州市。

6.4.2 生物材料样品的保藏日期

保藏日期应当在申请日之前或者在申请日（有优先权的，指优先权日）当天，不符合规定的，生物材料样品将被视为未保藏。但是，保藏证明写明的保藏日期在所要求的优先权日之后，并且在申请日之前的，申请人应当声明该保藏证明涉及的生物材料的内容不要求享受优先权，或者放弃优先权要求。

6.4.3 保藏证明和存活证明

申请人应当自申请日起 4 个月内提交保藏单位出具的保藏证

明和存活证明。保藏证明样页见图 6-9，该图为中国典型培养物保藏中心（CCTCC）出具的保藏和存活证明。

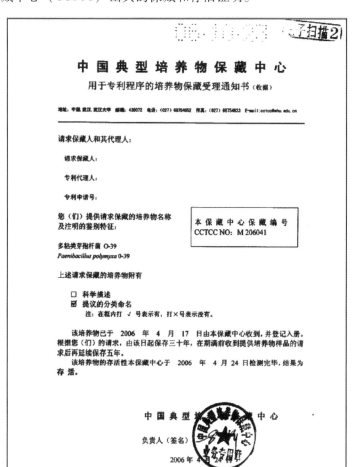

图 6-9 保藏证明和存活证明样页

申请人提交外国生物材料样品国际保藏单位出具的保藏证明和存活证明时，应当同时提交专利局制定的标准格式的生物材料样品保藏证明和存活证明中文题录。已向专利局提交过外国生物材料样品国际保藏单位出具的保藏证明和存活证明，需要再次提交的，可以仅提交该保藏证明和存活证明的中文题录，并注明该保藏证明和存活证明所在案卷的申请号。已向专利局提交过中国生物材料样品国际保藏单位出具的保藏证明和存活证明，需要再次提交的，可以提交保藏证明和存活证明复印件，并注明原件所在案卷的申请号。

在自申请日起 4 个月内，申请人未提交保藏证明的，该生物材料样品将被视为未提交保藏。在自申请日起 4 个月内，申请人未提交生物材料存活证明，又没有说明未能提交该证明的正当理由的，该生物材料样品将被视为未提交保藏。

6.4.4　请求书和说明书中的保藏信息

涉及生物材料保藏的申请，申请人应当在请求书和说明书中分别写明生物材料的分类命名，该生物材料样品的保藏单位名称、保藏地址、保藏日期和保藏编号。提出申请时请求书中未写明保藏事项，且未提交保藏证明或者存活证明的，将按照不涉及生物材料保藏的申请处理。

保藏及存活证明中的保藏单位名称、保藏地址、保藏日期、保藏编号和该生物材料的分类命名，应当与请求书和说明书中所填写的相应信息一致。保藏及存活证明、请求书和说明书中相关信息填写不一致的，申请人可以在收到专利局通知书后，在指定的期限内补正，期满未补正的，将被视为未提交保藏。

6.4.5　保藏的恢复

审查员发出生物材料样品视为未保藏通知书后，申请人有正当理由的，可以根据《专利法实施细则》第 6 条第 2 款的规定启动恢复程序。除其他方面的正当理由外，属于生物材料样品未提交保藏或未存活方面的正当理由如下。

（1）保藏单位未能在自申请日起 4 个月内作出保藏证明或者存活证明，并出具了证明文件；

（2）提交生物材料样品过程中发生生物材料样品死亡，申请人能够提供证据证明生物材料样品死亡并非申请人的责任。

6.5 分案申请的递交

一件专利申请包括两项以上发明的，申请人可以主动提出或者依据审查员的审查意见提出分案申请。分案申请应当以原申请（第一次提出的申请）为基础提出。分案申请的类别应当与原申请的类别一致。

6.5.1 分案申请的递交时间

申请人最迟应当在收到专利局对原申请作出授予专利权通知书之日起 2 个月期限（即办理登记手续的期限）届满之前提出分案申请。上述期限届满后，一般不得再提出分案申请。

对于审查员已发出驳回决定的原申请，自申请人收到驳回决定之日起 3 个月内，不论申请人是否提出复审请求，均可以提出分案申请；在提出复审请求以后以及对复审决定不服提起行政诉讼期间，申请人也可以提出分案申请；复审决定维持驳回决定的，自申请人收到复审决定之日起 3 个月内，不论申请人是否起诉，均可以提出分案申请；人民法院维持专利复审委员会作出的决定的，申请人在收到一审行政判决书之日起 15 日内，不论是否上诉，均可以提出分案申请；申请人上诉后，自收到人民法院维持专利复审委员会作出的决定的二审行政判决书之前，均可以提出分案申请；申请人针对原申请已提交了撤回专利申请声明的，撤回专利申请声明生效（即已发出手续合格通知书）之前，可以提出分案申请；原申请已被视为撤回的，在恢复期限内，可以提出分案申请。

对于分案申请递交时间不符合上述规定的，分案申请将被视为未提出，审查员将会发出视为未提出通知书，并作结案处理。

6.5.2 针对分案申请的再次分案

对于已提出过分案申请，申请人需要针对该分案申请再次提出分案申请的，再次提出的分案申请的递交时间仍应当根据原申请审核。再次分案的递交日不符合上述分案申请递交时机规定的，不得进行再次分案。

但是，因分案申请存在单一性的缺陷，申请人按照审查员的审查意见再次提出分案申请的情况除外。对于此种除外情况，申请人再次提出分案申请的同时，应当提交审查员发出的指明了单一性缺陷的审查意见通知书或者分案通知书的复印件。未提交符合规定的审查意见通知书或者分案通知书的复印件的，不能按照除外情况处理。对于不符合规定的，审查员将会发出补正通知书，通知申请人补正。期满未补正的，审查员将发出视为撤回通知书。申请人补正后仍不符合规定的，分案申请将被视为未提出，审查员将会发出视为未提出通知书，并作结案处理。

6.5.3 分案申请的申请人和发明人

分案申请的申请人应当与原申请的申请人相同；不相同的，应当提交有关申请人变更的证明材料。分案申请的发明人也应当是原申请的发明人或者是其中的部分成员。对于不符合规定的，审查员将会发出补正通知书，通知申请人补正。期满未补正的，分案申请将被视为撤回。

分案申请提交日当天，原申请的申请人变更已生效（即已发出手续合格通知书）的，分案申请的申请人应当与原申请中变更后的申请人相同；原申请的申请人变更手续尚未生效（即尚未发出手续合格通知书）的，分案申请的申请人应当与原申请中变更前的申请人相同。不符合规定的，审查员应当发出补正通知书。分案申请提交日当天，原申请的发明人变更已生效（即已发出手续合格通知书）的，分案申请的发明人应当是原申请变更后的发明人或者是其中的部分成员；原申请的发明人变更手续尚未生效（即尚未发出手续合格通知书）的，则分案申请的发明人应当是原申请变更前的发明人或者是其中的部分成员。不符合规定的，审查员将会发出补正通知书，通知申请人补正。

6.5.4 分案申请的请求书填写

请求书中应当正确填写原申请的申请日，申请日填写有误的，审查员将会发出补正通知书，通知申请人补正。期满未补正的，审查员将会发出视为撤回通知书。

请求书中应当正确填写原申请的申请号。原申请是国际申请的，申请人还应当在所填写的原申请的申请号后的括号内注明国际申请号。不符合规定的，审查员将会发出补正通知书，通知申请人补正。期满未补正的，审查员将会发出视为撤回通知书。

对于已提出过分案申请的，请求书中正确填写原申请的申请日和申请号的同时，还应当正确填写针对的分案申请的申请号。

6.5.5 分案申请的期限和费用

分案申请适用的各种法定期限，例如提出实质审查请求的期限，应当从原申请日起算。对于已经届满或者自分案申请递交日起至期限届满日不足 2 个月的各种期限，申请人可以自分案申请递交日起 2 个月内或者自收到受理通知书之日起 15 日内补办各种手续；期满未补办的，审查员将会发出视为撤回通知书。

对于分案申请，应当视为一件新申请收取各种费用。对于已经届满或者自分案申请递交日起至期限届满日不足 2 个月的各种费用，申请人可以在自分案申请递交日起 2 个月内或者自收到受理通知书之日起 15 日内补缴；期满未补缴或未缴足的，审查员应当发出视为撤回通知书。

第7章 专利权授予后的相关程序和手续

7.1 专利权的维持和终止

7.1.1 专利权的维持

专利权被授予以后，发明专利权的期限为自申请日起算 20 年，实用新型或者外观设计专利权的期限为 10 年。在专利权获得后的期限内，为了维持专利权有效，专利权人有按专利年度缴纳年费的义务。

（1）专利年度的计算

专利年度与自然年份是不同的。自然年份每年从 1 月 1 日起始，而专利年度无论是发明、实用新型或者外观设计都是从申请日起算。从申请日到下一年的相应日的前一天为第一年度，从所述相应日到再下一年的申请日的相应日的前一天为第二年度，依次类推。例如，某申请的申请日为 1990 年 1 月 7 日，那么如下：

1990. 1. 7 ~ 1991. 1. 6 为第一年度

1991. 1. 7 ~ 1992. 1. 6 为第二年度

1992. 1. 7 ~ 1993. 1. 6 为第三年度

……

每一件专利申请，由于申请日不同，它们在同一时间所处的专利年度是不一样的。例如，若申请 A 的申请日为 1996 年 5 月 3 日，申请 B 的申请日为 1998 年 3 月 4 日，其年度与日期的对照如表 7 - 1 所示。

表 7 − 1　专利申请日与其年度的对应关系举例

申请	A	B
申请日	1996. 5. 3	1998. 3. 4
第一年度	1996. 5. 3 ~ 1997. 5. 2	1998. 3. 4 ~ 1999. 3. 3
第二年度	1997. 5. 3 ~ 1998. 5. 2	1999. 3. 4 ~ 2000. 3. 3
第三年度 ……	1998. 5. 3 ~ 1999. 5. 2	2000. 3. 4 ~ 2001. 3. 3

（2）年费的缴纳

《专利法》规定：专利权人应当自被授予专利权的当年开始缴纳年费。授权当年的年费在办理登记手续时缴纳，以后各专利年度的年费，应当在上一年度期满前缴纳。由于专利年度是从申请日起算的，所以专利权人应当记住专利申请日，并在每个申请日的相应日以前预缴下一年度年费。

专利权人应当特别注意颁证日在某个专利年度的年末的情况，此时缴纳第一次年费（即授权当年的年费）的时间可能与预缴下一年度年费的时间重叠，或者非常接近。例如，某实用新型专利的申请日为 2002.10.5，若授权通知书的发文日为2003.3.28，那么办理登记手续的时间（即缴纳第一年度年费的时间）为 2003.3.28 ~ 2003.6.12，而预缴第二年度年费的期限应为 2003.10.5 前。

由于这两个期限非常接近，常常使一部分专利权人在缴纳过第一次年费以后，忽略应当预缴下一年度的年费。因此，在这种情况下，专利权人可以在办理登记手续的同时预缴下一年度年费。

缴纳年费可以由专利权人自己办理，也可以委托专利代理机构或者其他任何第三者办理。但是在我国境内没有长期居所或者营业所的外国人或外国企业、机构，应当通过在中国依法成立的专利代理机构办理。我国台、港、澳的企业、机构或个人也应通过国内专利代理机构办理。由于不同年度的年费数额不一样，缴纳年费时，除写明申请号、发明创造名称外，还应当写明缴纳哪一年度的年费。缴纳哪一年度的年费可以按照下式推算。

缴纳年费的年度 = 当前日期的年 – 申请日所在的年 + 1；

如果当前日期的月、日小于申请日的月、日则不用缴纳滞纳金，否则应当缴纳滞纳金。

（3）滞纳期和滞纳金

专利权人由于各种原因，例如忙于开发新的发明创造、忙于推动专利实施、或者专注于其他事务，而未在规定期限内履行缴纳年费的义务的，除第一次年费以外，《专利法实施细则》规定，专利局应当通知专利权人进行补缴，补缴年费的期限为自应当预缴年费的期限届满后的 6 个月之内。这 6 个月的时间称为年费的滞纳期。

专利权人未按时缴纳年费（不包括授予专利权当年的年费）或者缴纳的数额不足的，可以在年费期满之日起 6 个月内补缴，补缴时间超过规定期限但不足 1 个月时，不缴纳滞纳金。补缴时间超过规定时间 1 个月的，缴纳按下述计算方法算出的相应数额的滞纳金。

①超过规定期限 1 个月（不含 1 个整月）至 2 个月（含 2 个整月）的，缴纳数额为全额年费的 5%；

②超过规定期限 2 个月至 3 个月（含 3 个整月）的，缴纳数额为全额年费的 10%；

③超过规定期限 3 个月至 4 个月（含 4 个整月）的，缴纳数额为全额年费的 15%；

④超过规定期限 4 个月至 5 个月（含 5 个整月）的，缴纳数额为全额年费的 20%；

⑤超过规定期限 5 个月至 6 个月的，缴纳数额为全额年费

的 25%。

凡在 6 个月的滞纳期内，第一次缴纳不足，再次补缴时，其滞纳金应缴纳数额为再次补缴时所超出规定期限月份相应的百分比的全额年费。

凡因年费和（或）滞纳金缴纳逾期或不足而造成终止的，在恢复程序中，除补缴年费之外，还应缴纳或补足 25% 全额年费的滞纳金。

7.1.2　专利权的终止

专利权是一种有期限的无形财产权，期限届满，权利便依法终止。此外，一些专利权由于专利权人不愿缴费维持，或者主动放弃而在期限届满前终止。专利权终止以后，受该项专利权保护的发明创造便成为全社会的财富，任何人都可以无偿利用。专利权终止的情况主要有下列三种。

（1）期限届满终止

发明专利权自申请日起算维持满 20 年，实用新型或者外观设计专利权自申请日起算维持满 10 年，依法终止。

专利权期限届满依法终止的，专利局应当通知专利权人，并在专利登记簿上予以登记，在专利公报上予以公告。

（2）没有按照规定缴纳年费的终止

专利局发出缴费通知书，通知专利权人补缴本年度的年费及滞纳金后，专利权人在专利年费滞纳期满仍未缴纳或者缴足本年度年费和滞纳金的，专利局发出专利权终止通知书，通知专利权人专利权自上一年度期满之日起终止。因未按照规定缴纳年费专利权终止的，自专利权终止通知书发文日起 2 个月后在专利登记簿上登记并在专利公报上予以公告。

（3）主动放弃专利权

专利权人自愿将其发明创造贡献给全社会，可以提出声明，主动放弃专利权。放弃专利权的，应当使用专利局统一制定的表格书面提出放弃专利权声明。

放弃专利权只允许放弃全部专利权，不允许放弃部分专利权。一件专利有两名以上的专利权人时，放弃专利权应当取得全体专利权人的同意，并在声明或其他文件上签章。两名以上的专利权人中，有一个或者部分专利权人要求放弃专利权的，应当通过办理著录项目变更手续，改变专利权人。放弃专利权的声明批准以后，专利局将在专利登记簿上登记并在专利公报上公告。该声明的生效日为手续合格通知书的发文日，放弃的专利权自该日终止。

7.2　专利权的无效

为了维护公众的利益，使专利权只保护那些真正应当保护的发明创造，《专利法》规定：自专利局公告授予专利权之日起，任何单位或者个人认为该专利权的授予不符合《专利法》有关规定的，都可以向专利复审委员会请求宣告该专利权无效。

无效程序对于调整专利权人与公众的关系是十分必要的。事实上许多无效宣告请求都是在所谓"反诉"中出现的，即当专利权人向专利管理机关或人民法院控告某个单位或者个人侵犯专利权时，被控告的单位或个人确有理由认为该专利权不应授予的，可以反过来向专利复审委员会请求宣告该专利权无效。

请求宣告无效的主要理由包括：认为发明或实用新型不具备新颖性、创造性或实用性；或外观设计不具备可专利性；说明书公开不充分，无法实施；权利要求书没有得到说明书支持；修改超出原始说明书、权利要求书范围，或超出原始图片、照片表示的范围；违反法律或者不属于专利保护对象等。

请求宣告专利权无效或者部分无效的，应当按规定缴纳费用，提交无效宣告请求书，写明请求宣告无效的专利名称、专利号并写明依据的事实和理由，附上必要的证据。专利复审委员将文件副本送交专利权人，要求专利权人在指定期限内答复。专利权人在答复时可以修改专利文件，但修改不得扩大原专利保护范围。专利权人不答复的，不影响审理进行。专利复审委员会对无效请求审查后作出决定，书面通知双方当事人。对专利的无效请求所作出的决定任何一方不服的，可以在收到通知之日起3个月内向人民法院起诉。

专利局在决定发生法律效力以后予以登记和公告。宣告无效的专利权视为自始即不存在。宣告专利权无效的决定，对已经执行的侵权处理或已经履行的合同不具追溯力。但专利权人恶意造成他人损失的应给予赔偿，显失公平的应返还部分或全部费用。

7.3　专利登记簿

专利局对每一件授予专利权的发明创造，从授予专利权起建立专利登记簿。专利登记簿登记专利权的授予；专利权的转让或转移承；专利权的质押、许可、保全；专利权的无效；专利权的终止；专利权的恢复；专利权的强制许可和专利权人的姓名或者名称、国籍、地址的变更等情况。

7.3.1　登记的方式

专利登记簿的登记方式分两种，一种是由专利局依职权登记；另一种是由当事人提出请求以后，依据当事人的请求进行登记。

专利权的授予、专利权的许可、专利权的无效、专利权的终止、专利权的恢复和专利权的强制许可，由专利局依职权进行登记。

专利权的转让、转移以及专利权人姓名或者名称、国籍、地址的变更，只有专利权人提出著录项目变更申报，并经过专利局审查批准同意变更的，才在专利登记簿上登记并在专利公报上公告。

专利登记簿记录或登记的事项存贮于计算机数据库中，记录或登记的依据文件保留在电子或纸件专利申请案卷中（该内容应为专利登记簿副本内容）。

7.3.2　专利登记簿的法律效力

《专利法》规定：专利局对专利权的授予、许可、无效、终止或者强制许可都应当登记和公告；并规定专利权的转让除订立书面合同外，还应当经专利局登记以后才生效。

专利登记簿是专利局专门用来登记这些专利手续和专利法律状态变更的法律文件。该段描述在目前国情下，易误导社会公众，当只需要对某案件单一状态进行了解或作为证据时，通过专利局提供的相关服务网站、专利局发出的通知书、决定等足以满足相关需求，其即时性、便利性也比出具纸件专利登记簿副本快很多。

专利登记簿与专利证书在授予专利权时，记载的内容是相同的，因而在法律上具有同等效力。但授予专利权以后，专利的法律状态的变更仅在专利登记簿上记载。因而专利证书也就不能再作为专利权有效的法律证明。专利的法律状态应当以专利登记簿记载的内容为准。

7.3.3　专利登记簿副本

申请被授予专利权之后，任何人都可以向专利局请求出具该专利的专利登记簿副本，目前专利局提供电子或纸件专利登记簿副本。请求出具纸件专利登记簿副本的应当缴纳费用（按每件专利收费）。

专利局收到请求出具专利登记簿副本的请求和费用后，依据专利登记簿记载的相关数据内容，形成电子或纸件专利登记簿副本，供请求人网上查询或以自取、邮寄方式送达请求人。

根据国家知识产权局发布的《关于执行新的行政事业性收费标准的公告》（第 244 号），自 2017 年 7 月 1 日起，国家知识产权局执行新的行政事业性收费标准。其中新增专利副本证明费，每份 30 元。请求人办理专利登记簿副本需要注意以下几点：

①办理专利登记簿副本的缴费名称为"专利文件副本证明费"。

②请求人在办理专利登记簿副本手续时，"缴费人名称"必须与办理文件副本请求书和网上提出请求时"请求人名称"一致。

③以电子请求的方式，通过专利事务服务系统提交请求，并通过专利局电子申请网站网银缴费平台缴纳费用，其业务办理时间要快于以邮寄或服务窗口提交请求文件、缴纳费用方式最少 5 个工作日。

具体业务办理详知请查询国家知识产权局网站相关"专利审查流程公共服务"或"专利事务服务系统"相关栏目。

7.4 专利权评价报告的办理

专利局根据专利权人或者利害关系人的请求，对相关实用新型专利或者外观设计专利进行检索，并就该专利是否符合《专利法》及其实施细则规定的授权条件进行分析和评价，作出专利权评价报告。

专利权评价报告是人民法院或者管理专利工作的部门审理、处理专利侵权纠纷的证据，主要用于人民法院或者管理专利工作的部门确定是否需要中止相关程序。专利权评价报告不是行政决定，专利权人或者利害关系人不能就此提起行政复议和行政诉讼。

7.4.1　专利权评价报告请求的客体

专利权评价报告的请求客体应该是已经授权公告的实用新型或者外观设计专利，包括已经终止或放弃的实用新型专利或者外观设计专利，但不包括以下：

①未授权公告的实用新型专利申请或者外观设计专利申请；

②已被专利复审委员会宣告全部无效的实用新型专利或者外观设计专利；

③国家知识产权局已作出专利权评价报告的实用新型专利或者外观设计专利；

④申请日（有优先权的指优先权日）在 2009 年 10 月 1 日之前（不含该日）的实用新型专利或者外观设计专利。

7.4.2　请求人资格

《专利法实施细则》第 56 条第 1 款规定，专利权人或者利害关系人可以请求专利局作出专利权评价报告。

实用新型或者外观设计专利属于多个专利权人共有的，请求人可以是全部专利权人，也可以是部分专利权人。

利害关系人是指有权根据《专利法》第 60 条的规定就专利侵权纠纷向人民法院起诉或者请求管理专利工作的部门处理的人——包括与专利权人签订了专利实施独占许可合同的被许可人，以及与专利权人签订了专利实施普通许可合同并且被专利权人授予了起诉权的被许可人。

7.4.3　需要提交的文件

专利权人自行办理专利权评价报告手续的，应提交由专利权人签章的专利权评价报告请求书。

专利权人委托原案委托的专利代理机构办理专利权评价报告手续的，应提交由该专利代理机构签章的专利权评价报告请求书。

专利权人另行委托专利代理机构办理专利权评价报告手续的，应提交由该专利代理机构签章的专利权评价报告请求书和专利代理委托书，并在委托书中写明委托权限为办理专利权评价报告。

利害关系人自行办理专利权评价报告手续的，利害关系人是专利实施独占许可的被许可人的，应提交由该利害关系人签章的专利权评价报告请求书和专利实施许可合同的原件或复印件（专利实施许可合同已在专利局备案的，可以在专利权评价报告请求书中填写备案号，不提交专利实施许可合同）；利害关系人是专利实施普通许可的被许可人的，应提交由该利害关系人签章的专利权评价报告请求书和专利实施许可合同的原件或复印件（专利实施许可合同已在专利局备案的，可以在专利权评价报告请求书中填写备案号，不提交专利实施许可合同）以及专利权人授予被许可人起诉权的证明文件。

利害关系人委托专利代理机构办理专利权评价报告手续的、利害关系人是专利实施独占许可的被许可人的，应提交该专利代理机构签章的专利权评价报告请求书、专利代理委托书（专利代理委托书中应写明委托权限为办理专利权评价报告）和专利实施许可合同的原件或复印件（专利实施许可合同已在专利局备案的，可以在专利权评价报告请求书中填写备案号，不提交专利实施许可合同）；利害关系人是专利实施普通许可的被许可人的，应提交该专利代理机构签章的专利权评价报告请求书、专利代理委托书（专利代理委托书中应写明委托权限为办理专利权评价报告）和专利实施许可合同的原件或复印件（专利实施许可合同已在专利局备案的，可以在专利权评价报告请求书中填写备案号，不提交专利实施许可合同）以及专利权人授予被许可人起诉权的

164

证明文件。

专利权评价报告请求书应当采用专利局规定的表格。请求书中应当写明实用新型或者外观设计专利号、发明创造名称、请求人和/或专利权人名称或姓名。每一项请求应当限于一件实用新型或者外观设计专利。

7.4.4 需要缴纳的费用

请求人应当自提出专利权评价报告请求之日起 1 个月内缴纳专利权评价报告请求费 2400 元。

7.4.5 专利权评价报告请求的处理结论

专利权评价报告请求经形式审查合格的，在收到合格的专利权评价报告请求书和请求费之日起 2 个月内作出专利权评价报告。

专利权评价报告请求经形式审查不符合规定需要补正的，专利局发出办理手续补正通知书，请求人应在收到通知书之日起 1 个月内补正，期满未补正或者在指定期限内经两次补正后仍存在同样缺陷的，专利局发出视为未提出通知书。

专利权评价报告请求应当视为未提出的，专利局发出视为未提出通知书。

7.4.6 专利权评价报告的更正

专利权评价报告存在著录项目信息或文字错误、作出专利权评价报告的程序错误、法律适用明显错误、结论所依据的事实认定明显错误等错误时，可以进行更正。

专利局作出专利权评价报告的部门在发现专利权评价报告中存在错误后，可以自行更正。

请求人认为专利权评价报告存在需要更正的错误的，可以在收到专利权评价报告后 2 个月内以意见陈述书的形式书面提出更正请求，写明需要更正的内容及更正的理由，但是不能修改专利文件。

更正程序启动后，专利局作出专利权评价报告的部门成立由组长、主核员和参核员组成的三人复核组，对原专利权评价报告进行复核。

复核组认为更正理由成立，原专利权评价报告有误、确需更正的，发出更正的专利权评价报告，并在更正的专利权评价报告上注明以此报告代替原专利权评价报告。复核组认为更正理由不成立，原专利权评价报告无误、不需更正的，发出专利权评价报告复核意见通知书，说明不予更正的理由。

更正程序中，复核组一般不进行补充检索、除非因事实认定发生变化，导致原来的检索不完整或者不准确。针对专利权评价报告，一般只允许提出一次更正请求，但对于复核组在补充检索后重新作出的专利权评价报告，请求人可以再次提出更正请求。

7.5　专利权质押登记

专利权质押作为专利权运用的方式之一，是专利权人基于专利权中的财产权，实现资金融通的有效手段。近年来随着知识产权战略的深入实施和国家对科技型中小企业支持力度的不断加大，社会各界对这一新型融资方式的关注度不断上升。

为规范专利权质押融资，保障相关权利人的合法权益，《中华人民共和国物权法》（以下简称《物权法》）、《中华人民共和国担保法》《专利法实施细则》《专利权质押登记办法》分别从法律、法规和部门规章的层面对此作出规定，尤其是《物权法》基于物权法定的基本原则，对专利权质押登记的质权效力给予明确。专利局负责全国专利权质押登记工作。经审查合格准予登记的，专利局将为当事人出具《专利权质押登记合格通知书》，并对基本登记信息进行公示。利用好专利权质押融资，有利于科技型中小微企业获取资金、提升经营效果。

7.5.1 专利权质押登记概念简述

了解专利权质押登记的基本概念和主要作用，是按照办理要求办理相关手续办理要求的前提和基础，基本概念主要涉及专利权质押、专利权质押登记、质押担保的债务和范围等内容，专利权质押登记的作用涉及优先受偿权和限制处分权等方面内容。下面对相关概念作简要介绍。

（1）专利权质押

专利权质押是指为担保债权的实现，由债务人或第三人将其专利权中的财产权设定质权，在债务人不履行债务时，债权人有权依法就该出质专利权中财产权的变价款优先受偿的担保方式。专利权质押合同可以是单独订立的合同，也可以是主合同中的担保条款。例如：在主债务合同中有条款约定，债务人以其持有的专利权进行出质，担保全部或部分债务，则此债务合同可以被视为双方签订的质押合同。

（2）专利权质押登记

专利权质押登记是指出质人与质权人订立专利权质押书面合同后，依据《专利权质押登记办法》的规定，应当共同向专利局办理的专利权质押登记手续。质权自专利权质押登记之日起设立。

（3）被担保的债权

专利权质押是对债权的一种担保方式，因此专利权质押与所担保的债务是从属关系。只有债务关系存在，质押担保才能够存在，债务如果结束了，例如债已经按时清偿了，则质押担保也自然消亡，所以被担保的债权关系是专利权质押登记的前提和基础。在专利权质押登记手续的办理中，需要明确债权的种类、数额和期限三个要点。

被担保债权的种类，一般体现在债务合同中，指的是债务的类型以及债务双方当事人信息。例如：企业或个人之间的借贷关系、银行给予借款人的综合授信或贷款、基于双方当事人之间的设备租赁而产生的租赁费用、企业合作过程中约定的保证金、违约金等。

被担保债权的数额，一般体现为具体的负债金额。对于最高额质押登记，被担保债权的数额可以是授信额度的最大值，而不必被限定为已经实际产生的债务数额。通常情况下，国内债务一般以人民币为货币单位；涉外的债务关系中，货币单位根据实际情况可以选择任意币种。

债权的期限是指，被专利权质押担保的债务的履行期限，应当明确体现债务履行的起始时间点和终止时间点。

（4）质押担保范围

质押担保范围，又称为质押金额，是指作为质押担保标的物的专利权中的财产权所担保债务的范围。该范围可以是债务的全部，也可以是债务的一部分，具体以当事人约定为准。例如：被担保的债权数额为100万元，质押合同中可以约定，质押担保范围为全部债务数额；也可以约定质押担保范围为全部债务数额中的具体比例或某一固定数额；还可以约定质押担保范围为全部债务数额，以及利息、罚息等因债务违约产生的其他费用。

7.5.2　专利权质押登记的主要作用

基于《物权法》的相关规定，专利权质押登记的作用主要体现在以下两个方面：

（1）保障质权人的优先受偿权

这一法律作用主要是基于《物权法》的规定产生，专利质权自专利局办理出质登记时设立，基于该担保物权的优先受偿权同时产生。如果当事人不办理专利权质押登记，则质权人基于担保物权的优先受偿权利得不到法律保障。所以基于主债务合同关系的专利权质押关系一旦建立，质权人应当要求出质人与其共同办理专利权质押登记手续。

（2）限制专利权人对专利权的处分权利

一般情况下，专利权已经质押登记，专利权人不得擅自转让、许可、放弃专利权，当事人另有约定的除外。这一作用有力地保障了出质专利的财产权的稳定性，控制实现质权的风险，进而保障质权人的利益。

7.5.3　专利权质押登记手续

专利权质押登记手续涉及当事人主体资格、手续文件要求、手续办理地点及文件提交方式等事宜。

（1）双方当事人主体

专利权质押登记请求应当由专利权质押双方当事人，即出质人和质权人共同提出。出质人应当是专利登记簿中记载的专利权人。如果一项专利有多个专利权人，则出质人应当为全体专利权人，当事人另有约定的情形除外。这一点与专利实施许可合同备案有着明显的区别，当事人在办理相关手续的过程中应当区分把握。出质人和质权人应当为能够独立承担民事责任，履行民事行为的单位或者个人。

实践中，出质人不一定是债务人，质权人也不一定是债权人，具体视实际的专利权质押担保情况而定。例如：债务人张某向债权人某银行借款，专利权人李某将其所有的专利权质押给该银行以担保张某向银行的借款，这种情况下，出质人是李某，但债务人是张某。再例如：债务人李某向债权人某银行借款，某担保公司为该银行的借款做担保，李某将其名下的专利权质押给该担保公司，用来担保该担保公司所承担的风险，这种情况通常称为专利权质押反担保。

（2）质押登记手续文件要求

双方当事人办理专利权质押登记手续的，应当提交以下文件，一式一份。

1）专利权质押登记申请表

《专利权质押登记申请表》（标准表格）应当由质押双方当事人共同签章或签字，同时应当有代理师的签字。质押双方当事人委托依法设立的专利代理机构办理专利权质押登记手续的，可以仅由专利代理机构签章。

申请表的内容应当打印（签章除外），并使用中文简体填写；当事人手工填写的，应当保证所填内容清晰可辨，且无涂改。

当事人填写《专利权质押登记申请表》时，应当注意以下事项：

①合同名称一栏，应当填写记载有债务种类、数额和债务期限信息的合同名称。

②代理师是出质人和质权人共同委托的经办人，也是相关通知书收信人。代理师一栏，应当填写经办人相关信息。当事人委托专利代理机构的，应当填写该专利代理机构和代理师信息。

③经济活动简述是指专利权质押发生的原因，一般是指主债权经济活动当事人、行为简述；出质专利经过资产评估的，需填写评估单位名称。

④债务金额一栏，应当填写专利权质押所担保的主合同债务金额。质押金额一栏，应当填写双方当事人在质押合同中约定的质押担保范围所体现的金额。债务金额与质押金额应当与合同记载相符，这两项可以由专利局代为填写。

⑤质押专利件数多于三件，在申请表中无法填写完整的，当事人可参照《专利权质押登记申请表》后的《质押专利清单》，增设申请表附页，将余下的专利信息填写在附页中。

2）专利权质押合同

当事人提交的专利权质押合同应当包括以下与质押登记相关的内容：

①当事人的姓名或者名称、地址。

②被担保债权的种类和数额。

③债务人履行债务的期限。

④专利权项数以及每项专利权的名称、专利号、申请日、授权公告日。

⑤质押担保的范围。

专利权质押合同应当为原件。当事人确有困难无法提供合同原件的，可以提交经公证的复印件。

实践中，如果专利权质押合同中并未完整体现所担保债务的种类、数额和期限等信息，当事人需要在提交专利权质押合同的同时，附具所担保的债务合同。该债务合同应当为原件，当事人无法提供原件的，可以提交经公证的复印件。

3）出质人与质权人的合法身份证明

出质人和质权人的身份证明材料，是确认当事人主体的必要手续文件。如果当事人为个人，应当提交身份证复印件；当事人为企业法人的，应当提交企业营业执照复印件加盖当事人公章；当事人是事业单位法人或机关法人的，应当提交事业单位法人或机关法人证书复印件并加盖当事人公章；当事人为非法人组织的，应当提交其组织机构代码证或经其上级主管部门出具的证明其能独立实施民事行为、承担民事责任的文书复印件并加盖当事人公章，同时提交其上级主管部门的身份证明。

4）委托书和被委托人的身份证明

出质人和质权人应共同办理专利权质押登记手续，或者共同委托一个具有完全民事行为能力的自然人办理相关手续，或者委托专利代理机构办理相关手续，并在委托书中注明委托事项。委托书应当为原件，且由出质人、质权人以及被委托人共同签字或签章，且委托书上应当注明被委托人的身份证号。被委托人身份证明应当为身份证复印件。

5）其他需要提供的材料

出质专利中包含有同日申请发明的实用新型专利的，须提交《质押专利同日申请情况的声明》一份。质押专利同日申请情况的声明样式如图 7-1 所示。

质押专利同日申请情况的声明

出质人＿＿＿＿＿＿＿＿＿＿＿＿＿＿＿＿＿＿＿＿＿，

质权人＿＿＿＿＿＿＿＿＿＿＿＿＿＿＿＿＿＿＿＿＿，

质押双方当事人共同声明如下：

质押双方当事人已经获知请求办理的实用新型专利权质押登记，依据专利法第九条第一款，有同样的发明创造已于同日申请发明专利申请。实用新型专利权有可能在质押期间自公告授予发明专利权之日起终止。质押双方当事人已经充分考虑到这种情况的出现对履行债务可能造成的影响，对由此带来的任何法律后果自行承担。

发明专利授权之后，质押双方当事人可以办理专利权质押登记变更手续将发明专利补充到质物中。

实用新型专利号为：＿＿＿＿＿＿＿＿＿＿＿＿＿＿＿＿

质权人：

签章

日期：　　　年　　　月　　　日

出质人：

签章

日期：　　　年　　　月　　　日

图 7-1　质押专利同日申请情况的声明

质押双方当事人应当在声明中写明有同日申请发明的实用新型专利号并共同签字或盖章。

以上文件是外文文本的，应当附中文译本一份，以中文译本为准。

质押专利经过评估的，当事人办理专利权质押登记手续时需同时提交资产评估报告。

（3）质押登记变更手续文件要求

专利权质押期间，当事人的姓名或者名称、地址、被担保的主债权种类及数额或者质押担保的范围发生变更的，当事人应当自变更之日起30日内持变更协议或者变更证明和其他有关文件，向专利局提出办理专利权质押登记变更手续请求。

双方当事人办理专利权质押登记变更手续的，应当提交以下文件，一式一份。

1）专利权质押登记变更申请表

《专利权质押登记变更申请表》（标准表格）的填写应当满足以下要求。

①相关信息应如实填写。

②代理师即出质人及质权人共同委托的经办人，是相关通知书收信人，所有信息应当填写完整。

③清楚、完整的写明需要变更的项目及变更前后的内容。

④当事人提交的《专利权质押登记变更申请表》应当由出质人和质权人共同签字或者签章，清晰可辨，且与其他材料中的相关信息保持一致。

2）变更协议或变更证明

当事人提交的专利权质押登记变更协议应当符合以下要求。

①表明变更项目。

②清楚完整的表明变更前后的内容。

③变更协议应当由全体利害关系人共同签字或者签章，且清

晰可辨。

④表明变更协议的生效日期。

对于质押双方权利主体不变，仅姓名或名称发生变化而请求变更当事人名称的，无须提交双方签订的变更协议。质权人名称变更的，应当提交相应主管部门出具的名称变更证明原件。出质人名称变更的，应当首先在专利局办理专利权著录项目变更手续，待收到手续合格通知书后，再办理专利权质押登记变更手续，此时，可以提交出质人名称变更证明的复印件。

对于变更质押双方姓名或名称（不涉及主体变更）的同时还需要变更其他登记事项的，或者只变更其他登记事项的。例如：被担保的主债权种类及数额或者质押担保的范围等；或者在办理变更手续的同时还需要办理其他手续的，例如专利权质押登记注销手续等，则需要提交双方根据需要变更的事项或者需要办理的其他手续签订的相关协议。

质权人权利主体发生变化时，一般不予办理变更手续，当事人应当首先办理质押注销手续后，重新办理质押登记。出质人权利主体发生变化时，应当首先在专利局办理专利权著录项目变更手续，待收到手续合格通知书后，再办理专利权质押登记变更手续，此时应当提交新的出质人出质专利的合同或协议，以及出质人的身份证明材料。

当事人在变更手续中新增质押专利，且新增专利的专利权人与原有出质人不一致的，需要同时变更出质人，此时应当提交新增出质人出质专利的合同或协议，以及新增出质人的身份证明材料。增加出质的专利中有同日申请发明的实用新型，还需要提交《质押专利同日申请情况的声明》。

3）委托书和被委托人身份证明

质押双方当事人可以委托一个共同的经办人办理质押登记变更手续。委托书应当为原件，且由出质人、质权人以及被委托人共同签字或签章，委托书上应当注明被委托人的身份证号。被委托人身份证明应当为身份证复印件。

出质人和质权人中如果涉及外国人、外国企业或外国其他组织的应当委托依法设立的专利代理机构办理。

（4）质押登记注销手续文件

双方当事人办理专利权质押登记注销手续的，应当提交以下文件，一式一份。

1）《专利权质押登记注销申请表》

《专利权质押登记注销申请表》（标准表格）的填写应当满足以下要求。

①相关信息应当如实填写。

②代理师即出质人及质权人共同委托的经办人，是相关通知书收信人，所有信息应当填写完整。

③清楚、完整的写明注销事由。

④当事人提交的《专利权质押登记注销申请表》应当由出质人和质权人共同签字或者签章，清晰可辨，且与其他材料中的相关信息保持一致。

2）注销证明

当事人提交的专利权质权消灭证明材料中的内容应当至少为以下所列情形之一。

①债务人按期履行债务或者出质人提前清偿所担保债务的。

②质权已经实现的。

③质权人放弃质权的。

④因主合同无效、被撤销致使质押合同无效、被撤销的。

⑤法律规定质权消灭的其他情形。

3）提交《专利权质押登记合格通知书》

当事人办理专利权质押登记注销手续时，应当提交专利局质押登记合格时发出的《专利权质押登记合格通知书》。当事人提交的专利权质押通知书应当为原件。任一方通知书丢失的，应当出具出质人和质权人共同签章的情况说明通知书遗失声明并附具证明材料。

4）委托书和被委托人身份证明

质押双方当事人可以共同委托一个经办人办理质押登记注销手续。委托书应当为原件，且由出质人、质权人以及被委托人共同签字或签章，委托书上应当注明被委托人的身份证号。被委托人身份证明应当为身份证复印件。

出质人和质权人中如果涉及外国人、外国企业或外国其他组织的应当委托依法设立的专利代理机构办理。

（5）手续办理地点

专利局以及各专利代办处均可以受理当事人提出的专利权质押登记请求。专利权质押登记请求人的身份不同，其手续办理地点也有所不同。专利权质押登记请求的双方当事人中任意一方，涉及外国人、外国企业或外国其他组织的，或者是我国港澳台地区的，当事人应当直接向专利局办理质押登记手续。专利权质押登记请求的双方皆为国内个人或单位的，当事人可以到专利局办理，也可以到专利局设在地方的专利代办处办理。

（6）文件提交方式

当事人可以通过窗口或邮寄两种方式递交专利权质押登记手续文件。

通过窗口方式办理的，受理窗口地址为：北京市海淀区蓟门桥西土城路6号国家知识产权局专利局受理服务大厅专利事务服务窗口。

通过邮寄方式办理的，邮寄地址为：北京市海淀区蓟门桥西土城路6号；收件人名称：国家知识产权局专利局初审及流程管理部专利事务服务处（或专利局初审部服务处），邮政编码：100088。当事人应在邮寄信封上注明"质押登记"字样。

（7）手续办理时限

按照《专利权质押登记办法》的要求，专利局或专利代办处应当在受理当事人提出的专利权质押登记请求之日起7个工作日内作出审查结论。专利权质押登记的变更和注销手续的审查时限，同样是7个工作日。

如果当事人提交的专利权质押登记申请文件存在缺陷，手续办理时限自当事人克服全部缺陷之日起计算。

实际工作中，专利局通常情况下在7个工作日内作出审查结论。

（8）质押登记公告

专利权质押登记、变更、注销手续合格的，专利局对其基本信息进行公示。对专利权质押登记公告信息以外的其他信息，专利局负有保密责任。关于专利权质押登记的公告项目，如表7-2所示。

表7-2　专利质押登记的公告项目

类型	具体公告项目
专利信息	专利号、主分类号、授权公告日
质押信息	出质人、质权人、质押登记日
变更信息	变更项目、变更前内容、变更后内容
注销信息	注销日
撤销信息	撤销日

（9）登记信息的查询

当事人或者社会公众需要查询专利权质押登记信息的，可以选择以下方式办理：①通过办理专利登记簿副本查询登记信息。②通过查阅《专利公报》的方式查询相关内容。当事人可以通过浏览国家知识产权局政府网站"公布公告信息"，查看相关内容。③通过办理查阅和复制请求手续，查阅专利权质押登记的具体信息。此项手续通常情况下仅限质押登记双方当事人办理。

（10）质押专利信息服务

当事人办理专利质押登记后，被质押的专利权在质押期间发生等待缴纳年费滞纳金、终止以及因避免重复授权被主动放弃的情况时，专利局会向质权人发出《专利权质押登记业务专用函》，告知相关情况和可以采取的措施。

7.5.4　常见的不予专利权质押登记的情形

当事人办理专利权质押登记手续时，常见的不予登记的情形如下。

（1）出质人与专利登记簿记载的专利权人不一致

这项规定属于对专利权质押登记手续的出质人主体资格的要求。专利权一经质押登记，则专利权人对该专利的处置将受到限制，专利权人之外的其他人，不得以出质人的身份处分专利权。

（2）专利权已终止或者已被宣告无效的

专利权终止，则自终止之日起，专利权进入公有领域，任何人均可以不经专利权人同意实施该专利，其终止日之后的财产权不再存在。所以，当事人办理专利权质押登记手续时，该专利已经终止的，不予登记。

专利权被宣告全部无效的，专利权自始不存在。对于被全部无效的专利而言，专利权中的财产权不存在。因此，当事人办理专利权质押登记时，该专利权已经被宣告全部无效的，不予登记。

专利权被宣告部分无效的，原专利权中的部分权利要求所要求保护的范围自始不存在，但是对于专利权而言，仍然有依法保护的权利要求存在，只是保护范围缩小而已。所以，这种情况下，专利权中的财产权部分存在，当事人办理专利权质押登记手续时，如果质权人对此知情同意的话，可以登记。办理登记手续时，需要提供质权人的知情同意声明。

（3）专利申请尚未被授予专利权的

这项规定有别于专利实施许可合同备案手续，对于专利权质押登记而言，应当保证质押标的物是依法成立且相对确定、稳定和可以转让的财产权，而未经授权的专利申请，由于其财产权状态不确定，目前不能进行质押登记。

（4）专利权处于年费缴纳滞纳期的

专利申请在被授予专利权后，应当在每一个专利年度届满前缴纳下一年度的专利年费。逾期未缴纳的，进入 6 个月的缴费滞纳期，即这种情形下所指的年费缴纳滞纳期。如果一项专利权进入年费缴纳滞纳期，则有可能因未缴年费及其滞纳金而终止，此时的专利权维持状态不稳定。办理专利权质押登记手续前，当事人应当主动核查质押专利是否在专利年度届满日前缴足年费，如果进入年费缴纳滞纳期，则应当补缴年费的同时，按照要求缴纳滞纳金。费用缴足之后，即可提出专利权质押登记请求。

对于专利权人未在滞纳期内补缴年费和滞纳金的，该专利将进入终止恢复期。如果质押专利处于终止恢复期，当事人应当首先办理恢复手续。恢复手续合格的，才能予以登记。

（5）专利权已被启动无效宣告程序的

专利无效宣告审查程序的结论包括三种：专利权全部无效、专利权部分无效、维持专利权有效。当专利权处于无效宣告程序过程中，其有效性存在风险，为保障主债权的顺利偿还，保障质权人利益，需等到无效宣告结论最终确定后才能依据有效的专利权进行质押。

（6）因专利权的归属发生纠纷或者人民法院裁定对专利权采取保全措施，专利权的质押手续被暂停办理的

如果一项专利因权属纠纷或者侵权纠纷财产保全而被中止的，涉及该专利的绝大部分法律手续将暂停办理，专利权质押登记手续也予以暂停办理。此时，当事人办理专利权质押登记手续

的，应当等待中止程序结束后再行办理。需要注意的是，这里的中止或保全程序期间，指的是当事人办理质押登记的时间点落到该程序期间，对于质押登记手续完成之后，该专利进入中止或保全程序的情况，不属于这种情形。

（7）债务人履行债务的期限超过专利权有效期的

专利权质押合同或者相关的债务合同中应当约定债务的期限，质押登记的标的是专利，而专利权具有时间性特点，所以专利保护期限应当长于合同中约定的债务期限，即债务的终止日不得晚于质押专利的届满日。如果债务期限长于专利权有效期，则该质押关系无法发挥真正的担保作用，所以不能进行质押登记。

（8）质押合同约定在债务履行期届满质权人未受清偿时，专利权归质权人所有的

这项规定是《物权法》规定的禁止流质的情形。流质是指在合同中约定，当债务履行期届满质权人未受清偿时，专利权即归质权人所有的情形。流质是违反《物权法》规定的，因此属于不予登记的情形。

（9）质押合同不符合《专利权质押登记办法》第9条规定的

《专利权质押登记办法》第9条对当事人提交的专利权质押合同及其对应的债务合同应当包含的内容作出规定，这是办理专利权质押登记手续过程中，对于相关合同的最低要求。这项规定仅用于专利权质押登记手续的办理，对于合同自身的生效与否、合同执行过程中的纠纷解决，应当符合《合同法》的规定。

（10）以共有专利权出质但未取得全体共有人同意的

对于共有专利权而言，除全体共有人另有约定的以外，未经全体专利权人同意，任何共有人均不得擅自对专利权作出质押处分。当事人办理专利权质押登记手续时，出质人应当与《专利登记簿副本》记载的权利主体一致。提交全体共有人签章的同意声明的，部分共有权利人可以作为出质人办理质押登记手续。

（11） 专利权已被申请质押登记且处于质押期间的

同一专利在同一时间范围内，只能担保同一笔债务关系。对于已经处于质押登记期间的专利权，不能再次办理质押登记手续。

7.5.5 特殊手续的办理

（1） 加急登记手续的办理

实际专利权质押登记手续的办理过程中，当事人时常会有加急办理质押登记手续的需求。对于这种情况，当事人可以请求加急办理，应当满足以下要求：

①按照前述业务规定，提交办理业务手续的文件。

②提供经当事人签字或签章的确需要加急办理相关手续的情况说明，并在相关说明文字的结束部分注明"已获知专利局办理此项加急业务不收取任何费用"的字样。必要时，专利局可以要求附具证明文件，如参会邀请、应诉或庭审通知、立项文件等。

③该"加急"业务只针对自取方式办理。符合加急办理要求的，专利局通常情况下在 3 个工作日之内完成登记手续，在 1 个工作日之内完成变更和注销手续。加急办理专利权质押登记手续不收取任何费用。

（2） 登记文档的查阅和复制

双方当事人基于实际经济活动或企业管理的需要，可以请求查阅或者复制专利权质押登记文档。办理该项业务过程中，应当遵循以下几项要点。

1） 一书一事

当事人办理涉及专利权质押登记的查阅和复制手续时，一份查阅和复制请求只能就一件质押登记的材料提出查阅复制请求，不能在一份请求书中提出批量案卷的查阅复制请求。

2）请求人主体资格

①专利权质押登记的双方当事人中任何一方均可以提出查阅和复制请求。

②专利权人以他人未经其同意而擅自办理专利权质押登记手续为理由的，可以提出查阅和复制请求。

3）不同请求人的查阅和复制文件的范围

①质押合同当事人之一请求查阅和复制文件的，可以查阅复制请求书、包含请求人签章的合同文件页、请求人身份证明材料、委托书。

②专利权人以他人未经其同意而擅自办理专利权质押登记手续为由提出查阅和复制请求的，可以查阅和复制请求书、所有含有专利权人（专利申请人）签字或签章的文件。

4）办理查阅和复制文件请求的手续要求

①手续文件要求

请求人未委托专利代理机构的，应当提交请求人盖章或签字的《专利文档查询复制请求书》一份，请求人身份证明材料一份。请求人是单位并委托经办人办理的，应当提交办理查阅和复制请求的委托书一份，经办人身份证明文件一份。

请求人委托专利代理机构办理查阅和复制手续的，应当提交代理机构签章的《专利文档查询复制请求书》一份，请求人身份证明材料一份，委托书一份，专利代理机构经办人身份证明材料一份。

请求查阅和复制十件以上材料的，应当提交由当事人及有关方签字或签章的情况说明。

②请求人身份证明的要求

请求人为单位的，应当提交加盖公章的营业执照复印件或者法人证书复印件，以上文件均无法提供的，需提交上级主管单位的证明材料。

请求人为个人的，应当提交其身份证复印件。

请求人为外国人的，应当提交有关主管机关出具的身份证明材料，复印件须经当地公证机构公证。

请求人为香港地区或澳门地区单位的，应当提交有关主管机关出具的身份证明材料复印件；请求人为香港地区或澳门地区个人的，可以提交港澳通行证复印件。

请求人为中国台湾地区的单位的，应当提交由中国台湾民间公证机构出具的《公证书》，由公证人证明单位情况属实，该公证书中应附具中国台湾地区出具的证明文件复印件作为辅证。请求人为中国台湾地区个人的，可以提交台胞证复印件。

③委托书要求

委托书中的委托权限范围应当写明对质押登记文件的查阅和复制。

委托书应当由请求人、被委托人签字或签章。

委托自然人办理的，应当注明被委托人的身份证号；委托专利代理机构办理的，应当写明经办人的身份证号。

④被委托人的身份证复印件

被委托人的身份证复印件中所记载的身份证号应当与委托书填写的完全一致。

5）办理时限

对于2010年2月10日以后的专利权质押登记案卷查阅和复制，在10个工作日内出具。

（3）保密专利的质押登记

在符合保密相关要求的情况下，专利局可以为保密专利权人办理质押登记手续。

质押担保的专利中含有保密专利的，针对保密专利的质押合同应当单独签订，不得与普通专利一起质押。办理保密专利质押登记除一般质押登记申请文件外，还需要提交出质人与质权人承诺遵守保密规定的声明，以及国务院有关主管部门出具的同意专利出质给质权人的证明文件。

出质人与质权人承诺遵守保密规定的声明如图 7-2 所示。

质押保密专利权的声明

出质人_____，

质权人_____，

质押双方当事人针对保密专利，专利号为_____
的质押登记共同声明如下：

1、质押双方当事人了解有关保密法律、法规和规章制度，知悉应承担的保密义务和法律责任；2、保密专利权的出质已事先获得国务院有关主管部门的许可，且出质人已与质权人、评估公司签订保密协议，明确保密责任，落实保密管理要求；3、质押双方当事人如违反相关保密法律、法规和规章制度，自愿承担由此造成的各项损失及法律后果。

4、当出现实现质权的情形，应当根据保密规定在国务院有关主管部门许可的知悉范围内对出质专利进行拍卖、变卖或者折价。

5、已知悉保密专利权质押登记的相关事务不进行公告。保密专利权在质押期间解密的，解密公告后再进行事务公告；质押登记注销后解密的，不再进行事务公告。

6、质押双方当事人已经充分考虑到上述情况的出现对履行债务可能造成的影响。

出质人：   质权人：

签章   签章

日期：   年 月 日   日期：   年 月 日

图 7-2 质押保密专利权的声明

质押双方当事人应当在声明中写明保密专利号并共同签字或盖章。

国务院有关主管部门出具的同意专利出质给质权人的证明文件如图 7 – 3 所示。

保密专利权质押证明

国家知识产权局：

兹有 (专利权人名称) 的专利号为 _____ 的保密专利质押行为经我部门审查符合相关保密法律、法规和规章制度的规定，同意由 (评估公司名称) 进行价值评估，并质押给 (质权人名称)。我部门愿意承担由此带来的一切法律责任。

特此证明。

联系人：

联系电话：

部门签章

年 月 日

图 7 – 3　保密专利权质押证明

保密专利的质押信息在专利保密期间不予公告；在专利权质押期间专利解密的，专利局将补发质押登记公告；质押登记注销后解密的，不再进行公告。

7.6 专利实施许可合同备案

专利实施许可是专利权人及相关权利人运用发明创造，实现专利商业化的重要方式之一。近年来，随着知识产权战略的深入实施，专利实施许可这一运用专利的方式日益受到社会的广泛关注。

专利权作为一种无形财产权，本身有着无形性、可复制性和难保护性的特点。为规范专利实施许可活动，《专利法实施细则》《专利实施许可合同备案办法》分别从法规和部门规章的层面对此作出规定。专利局负责全国专利实施许可合同的备案工作。经审查合格准予备案的，专利局将为当事人出具《专利实施许可合同备案证明》（以下简称《备案证明》），并对基本备案信息进行公示。许可合同备案信息是地方开展专利运用情况分析的重要依据，各地开展专利管理工作时，经常要求企业提供已经实施的专利项目的许可备案证明。专利实施许可合同备案对企业实施专利技术，开展技术转让工作能够起到一定促进作用。

7.6.1 专利实施许可合同备案概述

了解专利实施许可合同备案的基本概念和主要作用，有助于帮助许可活动当事人了解专利实施许可合同备案的必要性，也有助于专利实施许可合同备案相关手续的顺利办理。基本概念主要涉及许可类型、许可范围、许可时间、许可费用等内容，备案作用涉及证据效力和对抗第三人效力等方面内容。下面对相关概念作简要介绍。

（1）专利实施许可类型

专利实施许可合同备案业务中的许可类型包括独占实施许可、排他实施许可和普通实施许可三类。

独占实施许可是指许可人在约定许可实施专利的范围内，将该专利仅许可一个被许可人实施，许可人依约定不得实施该专利。

排他实施许可是指许可人在约定许可实施专利的范围内，将该专利仅许可一个被许可人实施，但许可人依约定可以自行实施该专利。

普通实施许可是指许可人在约定许可实施专利的范围内许可他人实施该专利，并且可以自行实施该专利。

当事人对专利实施许可方式没有约定或者约定不明确的，认定为普通实施许可。专利实施许可合同约定被许可人可以再许可他人实施专利的，认定该再许可为普通实施许可，但当事人另有约定的除外。

（2）专利实施许可范围

专利实施许可范围主要指许可地域及许可领域，关于这一点，主要依据《民法总则》基本原则，在专利权有效地域范围内，由当事人自行约定。例如当事人可以约定许可地域为中国，或者国内某省、自治区和直辖市，或者进一步限制在某一固定地址实施。

（3）专利实施许可时间

专利实施许可的时间最长不得超过专利权的法定保护期限。如果当事人约定的实施期限超过专利权的法定保护期限，则备案时视为该专利的许可期限截止到专利权法定保护期限的届满日。

（4）专利实施许可费用

专利许可费用主要基于《民法通则》基本原则并依据《合同法》规定，由当事人自行约定。常见的专利实施许可费及其支付方式有：固定费用一次支付、固定费用分期支付、入门费用外加提成、纯提成支付、免费等类型。

（5）专利实施许可标的

专利实施许可合同的许可标的可以是已经授权的发明、实用新型或者外观设计专利权，也可以是已经获得专利申请号，但是尚未授权的发明、实用新型或者外观设计专利申请。

7.6.2　专利实施许可合同备案的主要作用

《专利法实施细则》第14条规定了专利权人与他人订立的专利实施许可合同，应当自合同生效之日起3个月内向专利局备案。当事人之间签订了专利实施许可合同之后，该合同按照当事人的约定生效。在实际的经济活动中，经备案的专利实施许可合同可以产生以下作用。

（1）诉前禁令证据效力

专利独占实施许可的被许可人作为利害关系人，在发现有人侵犯专利权时，为了维护自身合法权益，可以依据《最高人民法院关于对诉前停止侵犯专利权行为适用法律问题的若干规定》（法释〔2001〕20号）的规定，以专利实施许可合同备案证明为证据，要求人民法院对侵权人采取诉前禁令。

（2）对抗善意第三人

《商标法》第43条第3款规定："……商标使用许可未经备案不得对抗善意第三人。"专利实施许可合同备案所产生的效力，可以参照《商标法》进行理解和认识，即经备案的专利实施许可合同，可以对抗善意第三人。

7.6.3　专利实施许可合同备案手续

专利实施许可合同备案手续的办理主要涉及双方当事人主体、提出备案的时机、手续文件要求等事宜。

（1）双方当事人主体

许可人和被许可人是许可活动的双方当事人。

许可人应当是《专利登记簿》中记载的全体专利权利人，或者是其中的一部分专利权利人，或者是获得授权的权利人。对于共有专利权的部分专利权人，根据《专利法》第 15 条的相关规定，专利申请权或者专利权的共有人对权利的行使有约定的，从其约定。没有约定的，共有人可以单独实施或者以普通许可方式许可他人实施该专利；许可他人实施该专利的，收取的使用费应当在共有人之间分配。对于获得专利权人授权的代表人，根据授权的范围进行专利许可。此时办理备案手续时，需要同时提供其权利合法来源的授权证明文件，且该证明文件应当为原件或经公证的复印件。

许可人和被许可人应当是能够独立承担民事责任，履行民事行为的个人或单位。

（2）提出备案请求的时机

当事人之间签订专利实施许可合同的，应当在规定的时间内办理备案手续。根据《专利法实施细则》第 14 条第 2 款规定，专利权人与他人订立的专利实施许可合同，应当自合同生效之日起 3 个月内向专利局备案。

事实上，常有当事人逾期办理许可备案手续。对于这种情况，《专利法实施细则》未作出明确规定。当事人逾期办理备案手续的，可以重新签订专利实施许可合同，或者提交当事人双方签署的原专利实施许可合同的有效性声明。对于双方当事人选择补交有效性声明的，应当在该声明中一并写明未在 3 个月期限内办理备案手续的原因，同时承诺将承担因未在 3 个月内办理备案手续所带来可能的法律后果。

（3）许可备案手续文件要求

当事人办理专利实施许可合同备案手续的，应当提交以下文件，一式一份。

1）专利实施许可合同备案申请表

《专利实施许可合同备案申请表》应当为标准表格，内容应当打印，并且由许可人和代理师共同签章或签字。许可双方当事人委托专利代理机构办理专利实施许可合同备案手续的，可以仅由专利代理机构签章。

①如果备案涉及的专利数量多于三件，当事人应参照申请表中专利号及专利名称的许可专利清单，增设申请表附页，将备案专利的相关信息填写在附页上，具体内容参见本书附录《专利实施许可合同备案申请表》的附页。

②专利项数及每项专利的名称、专利（申请）号、许可种类、专利许可范围、合同生效日期、合同终止日期、使用费及支付方式是专利实施许可合同必须约定的内容，当事人应当依据合同内容填写相关信息。

③专利许可范围指地域范围，一般填写为中国，或省、自治区、直辖市等。

④使用费应当以人民币或美元作为结算单位，以其他币种结算的须按照近期外汇牌价将其折算为以美元为货币单位的数额。使用费为零的，支付方式为"无偿"。

⑤当事人没有委托专利代理机构的，代理机构名称不用填写。

⑥《专利实施许可合同备案申请表》须由许可方签章，许可方为外国人的可由专利代理机构签章。

⑦《专利实施许可合同备案申请表》、双方当事人身份证明材料和委托书中的备案当事人名称应当与合同中的专利许可双方当事人姓名或者名称一致。

2）专利实施许可合同

当事人提交的专利实施许可合同应当包括以下内容：

①当事人的姓名或者名称、地址。

②专利权项数以及每项专利权的名称、专利号、申请日、授权公告日。

③实施许可的种类和期限。

提交的专利实施许可合同应当为原件，当事人确有困难无法提供合同原件的，可以提交经公证的复印件。

3）许可人与被许可人的合法身份证明

许可人和被许可人的身份证明材料，是确认当事人主体的必要手续文件。如果当事人为个人，应当提交身份证复印件；当事人为单位的，应当提交由当事人签章的企业营业执照复印件或者单位法人证书复印件。

4）委托书和被委托人身份证明

许可人和被许可人应当共同委托一个具有完全民事行为能力的自然人办理相关手续，或者委托专利代理机构办理相关手续，并在委托书中注明委托事项。委托书应当为原件，且由许可方、被许可方以及被委托人共同签字或签章，委托书上应当注明被委托人的身份证号。被委托人身份证明应当为身份证复印件。

5）其他需要提供的材料

上述备案文件是外文文本的，应当附中文译本一份，并以中文译本为准。此外，针对专利实施许可合同的补充协议、加急办理专利实施许可合同备案的情况说明等材料，在必要的情况下应当一并提交。

（4）许可备案变更手续文件要求

当事人延长专利实施许可期限或变更合同其他内容的，应当在原实施许可的期限届满前 2 个月内，持变更协议或变更证明和其他有关文件向专利局办理备案变更手续。

除变更许可期限外，当事人可以通过变更手续进行变更的项目还包括：许可人主体或名称、被许可人名称、许可专利、许可种类。许可人为专利权人的情况下，该主体或名称变更的，应当首先完成专利权人名称的著录项目变更手续。

当事人办理变更手续的，应当提交以下文件，一式一份。

1）专利实施许可合同备案变更申请表

当事人填写《专利实施许可合同备案变更申请表》，应当满足以下要求：

①相关信息应如实填写。合同备案号在原《备案证明》中有明确记载。

②代理师即许可人和被许可人共同委托的经办人，是相关通知书收信人，所有信息必须填写。

③清楚、完整的写明需要变更的项目及变更前后的准确内容。

④当事人提交的《专利实施许可合同备案变更申请表》应当由许可人签字或者签章，且清晰可辨。许可方为外国人的，可由专利代理机构签章。

2）专利实施许可合同变更协议或变更证明

当事人提交的专利实施许可合同备案变更协议应当符合以下要求：

①注明变更项目。

②准确、完整的表明变更前后的内容。

③变更协议应当由全体利害关系人共同签字或者签章，且清晰可辨。

④表明变更协议的生效日期。

对于许可双方权利主体不变，仅姓名或名称发生变化而请求变更当事人名称的，无须提交双方签订的变更协议。被许可人或许可人名称变更的，应当提交相应主管部门出具的名称变更证明原件。许可人是专利权人的，可以首先在专利局办理专利权著录项目变更手续，待收到手续合格通知书后，再办理专利权许可备案变更手续，此时，可以提交许可人名称变更证明的复印件。

对于变更许可双方姓名或名称（不涉及主体变更）的同时还需要变更其他备案事项的，或者只变更其他备案事项的，例如许可的种类或金额；或者在办理变更手续的同时还需要办理其他手续的，例如专利权许可备案注销手续等，则需要提交双方根据需要变更的事项或者需要办理的其他手续签订的相关协议。

3）委托书和被委托人身份证明

许可人和被许可人应当共同委托一个具有完全民事行为能力的自然人办理备案变更手续，或者委托专利代理机构办理相关手续，并在委托书中注明委托事项。

委托书应当为原件，且由许可方、被许可方以及被委托人共同签字或签章，委托书上应当注明被委托人的身份证号。被委托人身份证明应当为身份证复印件。

（5）许可备案注销手续文件

专利实施许可的期限届满或者提前解除专利实施许可合同的，当事人应当在期限届满或者订立解除协议后 30 日内持"备案证明"、解除协议和其他有关文件向专利局办理备案注销手续。

经备案的专利实施许可合同涉及的专利权被宣告无效或者在期限届满前终止的，当事人应当及时办理备案注销手续。

当事人办理备案注销手续的，应当提交以下文件，一式一份。

1）专利实施许可合同备案注销申请表

当事人提交《专利实施许可合同备案注销申请表》的填写应当满足以下要求：

①相关信息应如实填写。合同备案号在原《备案证明》中有明确记载。

②代理师即许可人及被许可人共同委托的经办人，为相关通知书收信人，所有信息应当填写准确。

③注销事由一栏应当清楚、完整的写明注销备案及相关事由。

④当事人提交的《专利实施许可合同备案注销申请表》应当由许可人签字或者签章，且清晰可辨。

2）备案注销的证明文件

当事人提交的专利实施许可合同备案注销协议及其他必要的证明文件应当符合以下要求：

①清楚完整地表明注销理由。

②注销协议及其他证明文件应当由全体利害关系人共同签字或者签章，且清晰可辨。

③表明注销协议的生效日期。

3）专利实施许可合同备案证明

当事人提交的《备案证明》应当为原件。任一方通知书丢失的，应当出具许可人和被许可人共同签章的情况说明，必要时专利局可以要求提交证明材料。

4）委托书和被委托人身份证明

许可人和被许可人应当共同委托一个具有完全民事行为能力的自然人办理备案注销手续，或者委托专利代理机构办理相关手续，并在委托书中注明委托办理注销的相关事项。

委托书应当为原件，且由许可方、被许可方以及被委托人共同签字或签章，委托书上应当注明被委托人的身份证号。被委托人身份证明应当为身份证复印件。

（6）手续办理地点

专利局以及各专利代办处均可以受理当事人提出的专利实施许可合同备案请求。专利实施许可合同签订方主体不同，手续办理的地点有所区别。

专利实施许可合同双方当事人中任意一方，涉及外国人、外国企业或外国其他组织的，或者是我国港澳台地区的，当事人应当直接向专利局办理许可备案。

专利实施许可合同双方皆为国内个人或单位的，当事人可以到专利局办理，也可以到专利局设在地方的专利代办处就近办理。

（7）文件提交方式

当事人可以通过窗口或邮寄两种方式递交专利实施许可合同备案手续文件到专利局受理服务大厅柜台办理的，窗口地址为：北京市海淀区蓟门桥西土城路 6 号国家知识产权局专利局受理服务大厅专利事务服务窗口。

通过邮寄方式办理的，邮寄地址为：北京市海淀区蓟门桥西土城路6号国家知识产权局专利局初审及流程管理部专利事务服务处（专利局初审部服务处），邮编：100088。当事人应在邮寄信封上注明"合同备案"字样。

（8）手续办理时限

按照《专利实施许可合同备案办法》的要求，专利局或专利代办处在受理当事人提出的专利实施许可合同备案请求之日起7个工作日内作出审查结论。备案的变更和注销手续的审查时限，同样是7个工作日。实际工作中，专利局通常情况下在5个工作日内作出审查结论。

如果当事人提交的备案申请文件存在缺陷，手续办理时限自当事人克服全部缺陷之日起计算。

（9）许可备案公告

专利实施许可合同备案、变更、注销手续合格的，国家知识产权局对其基本信息进行公示。对许可备案公告信息以外的其他信息，国家知识产权局负有保密责任。具体公告项目涉及五种类型，如表7-3所示。

表7-3 专利实施许可备案公告的项目

类型	具体公告项目
专利信息	专利号（申请号）、主分类号、申请日、授权公告日
备案信息	许可人、被许可人、许可种类、许可期限、备案生效日期
变更信息	变更项目、变更前内容、变更后内容
注销信息	注销日
撤销信息	撤销日❶

---

❶ 专利实施许可合同备案后，专利局发现备案申请存在《专利实施许可合同备案办法》第12条第2款所列情形并且尚未消除的，应当撤销专利实施许可合同备案，并向当事人发出《撤销专利实施许可合同备案通知书》。撤销生效日即为撤销日。

（10）备案信息的查询

当事人或者社会公众需要查询专利实施许可合同备案信息的，可以选择以下方式办理：

①通过办理专利登记簿副本查询备案信息。

②通过查阅《专利公报》的方式查询相关信息。当事人可以通过浏览国家知识产权局官网中的公布公告信息，查看相关内容。

③通过办理查阅和复制请求手续，查阅备案的具体信息。此项手续通常情况下仅限许可备案双方当事人办理。

7.6.4 常见的不予备案的情形

当事人办理专利实施许可合同备案手续时，如果存在《专利实施许可合同备案办法》第12条第2款所列情形的，不予备案。当事人对不予备案的情形常有困惑，以下对这一条款中所列情形的含义和范畴进行解读。

（1）专利权已经终止或者被宣告无效的

专利权终止，则自终止之日起，专利权进入公有领域，任何人均可以不经专利权人同意实施该专利，其终止日之后的排他权不再存在。所以，当事人办理专利实施许可合同备案时，该专利已经终止的，不予备案。

专利权被宣告全部无效的，专利权自始不存在。对于被全部无效的发明专利和实用新型专利而言，其许可的技术属于公有技术；对于被全部无效的外观设计专利而言，其许可的设计属于公有设计，任何人均可实施。所以，当事人办理专利实施许可合同备案时，该专利已经被宣告全部无效的，不予备案。

专利权被宣告部分无效的，原专利权中的部分权利要求所要求保护的范围自始不存在，但是对于专利权而言，仍然有依法保护的权利要求存在，只是保护范围缩小而已。所以，当事人办理专利实施许可合同备案时，许可专利被宣告部分无效的，如果被许可人对此知情同意的话，可以备案。这种情况下，需要提供被许可人的知情声明。

（2）许可人不是专利登记簿记载的专利权人或者有权授予许可的其他权利人的

专利实施许可合同的许可人应当是有权作出许可的单位或个人。如前所述，专利权人应当以专利登记簿记载的为准，专利登记簿记载专利权的即时权属状态信息。

独占许可类型的情况，许可人应当为全体专利权人。当事人在办理专利实施许可合同备案手续时，《申请表》中的许可人签章一栏应当由全体专利权人签字或签章。如果许可人不是全体专利权人，则需要获得全体专利权人的授权，这一授权应当明确表示为，给予被授权人在约定的许可范围内许可第三人独占实施专利权的权利。所以，在此种情况，当事人办理专利实施许可合同备案的，应当附具全体专利权人的授权文件。

排他许可类型情况，许可人也应当为全体专利权人。当事人在办理专利实施许可合同备案手续时，《申请表》中的许可人签章一栏应当由全体专利权人签字或签章。如果许可人不是全体专利权人，则需要获得全体专利权人的授权，这一授权应当明确表示为给予被授权人在约定的许可范围内许可第三人排他实施专利权的权利。所以，在此种情况下，当事人办理专利实施许可合同备案的，应当附具全体专利权人的授权文件。

普通许可类型情况，许可人可以是全体专利权人，也可以是全体专利权人之一。当事人在办理专利实施许可合同备案手续时，《申请表》中的许可人签章一栏应当由实际的专利权人签字或签章。但是，如果许可人不是专利权人，则需要获得专利权人的授权，这一授权应当明确表示为：给予被授权人在约定的许可范围内许可第三人以普通实施方式实施专利权的权利。所以，在此种情况下，当事人办理专利实施许可合同备案的，应当附具专利权人的授权文件。

（3）专利实施许可合同不符合《专利实施许可合同备案办法》第9条规定的

《专利实施许可合同备案办法》第9条，对当事人提交的专利实施许可合同应当包含的内容作出规定，这是办理许可备案手续过程中，对于备案合同的最低要求。当事人应当注意，这一规定仅用于许可备案，对于合同自身的生效与否、执行过程中的纠纷解决，应当符合《合同法》的规定。

（4）实施许可的期限超过专利权有效期的

专利实施许可合同中应当约定实施专利的期限，因为许可实施的对象是专利，而专利权具有时间性的特点，所以合同中约定的专利实施许可期限应当短于专利保护期限，即专利许可期限的终止日不得晚于许可专利的届满日。如果许可专利为多项的，专利许可期限的终止日不得晚于最晚到期专利的届满日。

实践中，一份专利实施许可合同可能不仅仅涉及专利这一种知识产权的许可，可能也包含商标、版权、地理标志、技术秘密等权利，这种情况下的许可期限是指包含所有许可标的的总的合同期限，则许可合同的终止日可以晚于许可专利的届满日。

（5）共有专利权人违反法律规定或者约定订立专利实施许可合同的

根据《专利法》第15条的规定：专利申请权或者专利权的共有人对权利的行使有约定的，从其约定。没有约定的，共有人可以单独实施或者以普通许可方式许可他人实施该专利；许可他人实施该专利的，收取的使用费应当在共有人之间分配。所以，部分共有专利权人与他人订立的专利实施许可合同办理备案时，除普通许可外，独占许可和排他许可应当取得全体共有人的同意。当然，如果全体共有权利人对权利的行使有约定的，应当提交相关协议文件。这一情形，可以与上述第二种情形结合理解，均属于对许可人主体资格的要求。

（6）专利权处于年费缴纳滞纳期的

专利申请在被授予专利权后，应当在每一个专利年度届满前缴纳下一年度的专利年费。逾期未缴纳的，进入 6 个月的缴费滞纳期，也就是所指的专利权处于年费缴纳滞纳期。如果一项专利权进入年费缴纳滞纳期，则有可能因未缴年费及其滞纳金而终止。所以，办理专利实施许可合同备案时，当事人应当主动核查许可专利是否在专利年度届满日前缴足年费，如果许可专利进入滞纳期，则应当补缴年费的同时，按照要求缴纳滞纳金。

对于专利权人未在滞纳期内补缴年费和滞纳金的，该专利将进入 2 个月终止恢复期。如果许可专利处于终止恢复期，当事人应当首先办理恢复手续，然后再办理专利实施许可合同备案手续。终止恢复手续合格的，才能予以备案。

（7）因专利权的归属发生纠纷或者人民法院裁定对专利权采取保全措施，专利权的有关程序被中止的

如果一项专利因权属纠纷或者侵权纠纷财产保全而被中止程序的，涉及该专利的绝大部分法律手续将暂停办理，许可合同的备案手续也予以暂停办理。此时，当事人办理许可合同备案手续的，应当等待中止程序结束后再行办理。

（8）同一专利实施许可合同重复申请备案的

这一情形，主要为了避免同一个合同重复备案。重复备案的概念，容易与同一个专利重复许可相混淆。例如，在普通许可类型中，同一专利可以重复许可给多个个人或单位。但是，对于同一个专利许可合同，则不能重复备案。

（9）专利权被质押的，但经质权人同意的除外

专利权处于质押登记状态时，出质人也就是专利权人对该专利的处分权利受到限制。这种限制是指，未经质权人同意，专利权人不得许可、转让、放弃该专利权。所以，当事人办理许可合同备案手续的，如果专利处于质押登记的状态，需要提供质权人同意的声明或证明。

（10）与已经备案的专利实施许可合同冲突的

这一情形主要指与在先已经备案的独占许可合同、排他许可合同或普通许可合同之间存在专利实施权冲突的情形。按照司法解释相关规定，一项专利如果处于独占许可状态，则不能再进行独占许可、排他许可和普通许可；一项专利如果处于排他许可状态，则不能再进行独占许可、排他许可和普通许可；一项专利如果处于普通许可状态，则不能在进行独占许可和排他许可。即三种许可方式中的任何两种许可方式之间相互冲突，不允许同时存在。当事人在办理专利实施许可合同备案手续时，需要注意该专利是否已经被许可，许可类型是哪一种，是否已经备案，这些问题直接影响许可合同备案手续的办理。

7.6.5 特殊手续的办理

（1）加急备案手续的办理

实际专利实施许可合同备案手续的办理过程中，当事人可以请求加急办理许可备案手续，对于这种情况，应当满足以下要求：

①按照前述业务规定，提交正常办理业务手续的文件。

②提供经当事人签字或签章的确需要加急办理相关手续的情况说明，并在相关说明文字的结束部分注明"已获知专利局办理此项加急业务不收取任何费用"的字样。必要时，专利局可以要求附具证明文件，如参会邀请、应诉或庭审通知、立项文件等。

③该"加急"业务只针对自取方式办理。符合加急办理要求的，专利局通常情况下在3个工作日之内完成备案手续，在1个工作日之内完成变更和注销手续。加急办理专利许可合同备案手续不收取任何费用。

（2）备案文档的查阅和复制

双方当事人基于实际经济活动或企业管理的需要，时常会请求查阅或者复制专利实施许可合同备案文档。办理该项业务过程中，应当了解并把握以下几项要点。

1）一书一事

当事人办理涉及许可备案合同的查阅和复制手续时，一份查阅和复制请求只能就一件许可合同备案的材料提出查阅复制请求，不能在一份请求书中提出批量案卷的查阅复制请求。

2）请求人主体资格

①专利实施许可合同备案的双方当事人任何一方均可以提出查阅和复制请求。

②在许可人不是专利权人（专利申请人）的情况下，专利权人以他人未经其同意而擅自办理专利实施许可合同备案手续为理由的，可以提出查阅和复制请求。

3）不同请求人的查阅和复制文件的范围

①当事人之一请求查阅和复制文件的，可以查阅复制请求书、包含请求人签章的合同文件、请求人身份证明材料、委托书。

②专利权人以他人未经其同意而擅自办理专利实施许可合同备案手续为由提出查阅和复制请求的，可以查阅和复制请求书、所有含有专利权人（专利申请人）签字或签章的文件。

4）办理查阅和复制文件请求的手续要求

①手续文件要求

请求人未委托专利代理机构的，应当提交请求人盖章或签字的《专利文档查询复制请求书》一份，请求人身份证明材料一份。请求人是单位并委托经办人办理的，应当提交办理查阅和复制请求的委托书一份，经办人身份证明文件一份。

请求人委托专利代理机构办理查阅和复制手续的，应当提交代理机构签章的《专利文档查询复制请求书》一份，请求人身份证明材料一份，委托书一份，专利代理机构经办人身份证明材料一份。

请求查阅和复制十件以上许可合同备案材料的，应当提交由当事人及有关方签字或签章的情况说明。

②请求人身份证明的要求

请求人为单位的，应当提交加盖公章的营业执照复印件或者法人证书复印件，以上文件均无法提供的，需提交上级主管单位的证明材料。

请求人为个人的，应当提交其身份证复印件。

请求人为外国人的，应当提交有关主管机关出具的身份证明材料，复印件须经当地公证机构公证。

请求人为香港地区或澳门地区单位的，应当提交有关主管机关出具的身份证明材料复印件；请求人为香港地区或澳门地区个人的，可以提交港澳居民来往内地通行证复印件。

请求人为中国台湾地区的单位的，应当提交由中国台湾民间公证机构出具的《公证书》，由公证人证明单位情况属实，该公证书中应附具中国台湾地区出具的证明文件复印件作为辅证。请求人为中国台湾地区个人的，可以提交台湾居民来往大陆通行证复印件。

③委托书要求

委托书中的委托权限范围应当写明对许可合同备案文件的查阅和复制。

委托书应当由请求人、被委托人签字或签章。

委托自然人办理的，应当注明被委托人的身份证号；委托专利代理机构办理的，应当写明经办人的身份证号。

④被委托人的身份证复印件

被委托人的身份证复印件中所记载的身份证号应当与委托书填写的完全一致。

5）办理时限

对于 2010 年 2 月 10 日以后的专利许可合同备案案卷查阅和复制，在 10 个工作日内出具。

（3）保密专利许可备案手续

许可实施的专利中含有保密专利的，针对保密专利的实施许可合同应当单独签订，不得与普通专利一起许可。办理保密专利实施许可备案除一般备案申请文件外还应当提交《许可实施保密专利的声明》。许可实施保密专利的声明样式如图 7 - 4 所示。

许可实施保密专利的声明

许可人_____，

被许可人_____，

许可双方当事人针对保密专利，专利号为_____

的许可实施共同声明如下：

1、许可双方当事人了解有关保密法律、法规和规章制度，

知悉应承担的保密义务和法律责任；

2、许可人已与被许可人签订保密协议，明确保密责任，落

实保密管理要求；

3、许可双方当事人如违反相关保密法律、法规和规章制度，

自愿承担由此造成的各项损失及法律后果。

许可人：

签章

日期： 年 月 日

被许可人：

签章

日期： 年 月 日

图 7 - 4 许可实施保密专利的声明

许可双方当事人应当在声明中写明保密专利号并共同签字或盖章。

保密专利的实施许可信息在专利保密期间不予公告；在专利权实施许可期间专利解密的，专利局将补发许可备案公告；许可备案注销后解密的，不再进行公告。

第 8 章　PCT 国际申请

专利权的一个重要特点是有地域性，一个国家批准的专利只在受该国法律管辖的地域内有效。而一项好的发明创造其传播的范围常常不是国界所能限制的，特别在国际经贸日益发展的当今世界尤其这样。所以，对一项好的发明创造来说，到外国去申请和取得专利保护有时就显得十分必要。

尽管《巴黎公约》规定了国民待遇原则、优先权原则等有利于申请人在世界各国申请获得专利的制度，但是由于《巴黎公约》同时也规定了专利独立原则，申请人要想就同一项发明创造在多个成员国获得专利保护，就必须逐一在各成员国提出专利申请。为此，申请人需要熟悉各国的专利制度，准备各种语言的申请文本，办理各种申请手续。通过上述方式向各国申请专利，对申请人而言，负担相当沉重而且很不方便；对各国专利局而言，则需要进行大量重复劳动。因此，为了改变这一状况，能否简化国际申请专利的手续引起众多申请人的关注，国际申请制度正是为解决这个问题应运而生的。

8.1　什么是国际申请

8.1.1　国际申请简介

为了简化国际申请专利的手续，加快信息传播，加强对发明的法律保护，促进成员国的技术进步和经济发展，在世界知识产权组织（WIPO）的推动下，1970 年 6 月 19 日在美国华盛顿签订了《专利合作条约》（以下简称"PCT"）。

根据 PCT 的规定，成员国的国民或居民在一个成员国的专利局或一个参加条约的地区专利局（称作受理局）使用一种规定的语言提交一份具有规定格式的专利申请文件，就可以在申请人指定的其他成员国获得相当于同时在该国提出国家申请的效力。按照 PCT 的规定提出的这种具有规定格式和特殊效力的申请就称为国际申请（也称为 PCT 申请）。PCT 于 1978 年 6 月开始实施，截至 2017 年 8 月 20 日已有 152 个成员国，由总部设在瑞士日内瓦的世界知识产权组织（WIPO）管辖。现在，PCT 已经成为各国申请人向不同国家申请专利的主要途径。

我国在 1994 年 1 月 1 日正式成为 PCT 成员国，中国国家知识产权局成为国际申请的受理局之一，同时也被专利合作条约联盟大会指定为国际申请的国际检索单位和国际初步审查单位。这样中国申请人向外国申请专利就有了一条比较方便的通道。2017 年中国申请人提出的 PCT 国际申请已达到 48882 件，居世界第 2 位，仅次于美国。

8.1.2　国际申请的效力

根据 PCT 的规定，一件国际申请只要被受理并获得国际申请日，从国际申请日起就等同于申请人在所有成员国提出了专利申请。也就是说，该国际申请在各个成员国均被视为本国的专利申请，一般情况下，国际申请日被视为在各个成员国（包括地区专利组织）的申请日。因此，我国申请人通过提交国际申请并指定有关国家就可以达到在这些国家申请专利的目的，不需要再在优先权期限内逐一向这些国家提交专利申请。但是，需要说明的是，PCT 简化和统一规范的只是向外国申请专利的手续、该申请的提出、国际检索和国际初步审查在成员国之间进行合作，至于申请能否被授予专利权仍然由各个国家根据本国专利法的规定进行审批。因此，申请人还必须在条约规定的自国际申请日起（有优先权的，指最早的优先权日）的 30 个月内向成员国或者地区专利组织提交进入该国或者地区专利组织的文件并缴纳相应的费用。

需要注意的是，通过 PCT 途径可以获得的保护类型包括：发明专利、发明人证书、实用证书、实用新型、增补专利或增补证书、增补发明人证书和增补实用证书，不能要求获得外观设计专有权保护。

8.2 谁有资格向中国国家知识产权局提出 PCT 国际申请

中国国家知识产权局是中国内地的单位或者个人提交国际申请的受理局，也是香港和澳门特别行政区的法人和居民提交国际申请的受理局。

根据 1993 年中国专利局发布的《关于受理台胞国际申请的通知》的规定，中国国家知识产权局作为国际申请的受理局，受理台胞（包括台湾地区的公司、企业和其他经济组织）提出的国际申请。

因此，按照 PCT 的规定，下列人员有权向中国国家知识产权局提出 PCT 申请。

（1）中国（包括香港、澳门特别行政区和台湾地区）的国民或中国法人，不论其居所或营业所是否在中国境内；

（2）在中国境内有长期居所的外国人或有真实营业所的外国单位；

（3）同中国签订有代为受理协议的其他 PCT 成员国的国民或在该国有长期居所或营业所的居民或单位。

在有多个申请人的情况下，只要其中有一个申请人有资格向中国国家知识产权局提出 PCT 国际申请就可以了。

8.3 国际申请的专利申请文件和申请手续

8.3.1 专利申请文件

国际申请的专利申请文件包括请求书（PCT/RO/101 表、PCT – SAFE 格式请求书）、说明书、权利要求书、附图（需要时）和摘要。

向中国国家知识产权局提交的 PCT 国际专利申请文件应当使用中文或英文填写和撰写。

请求书要求采用专门的 PCT/RO/101 表格填写（该表格可以从国家知识产权局网站专利合作条约（PCT）专栏中的"申请表格下载"中获得，也可以从世界知识产权组织网站"PCT 资源"中的"表格"下载获得），该表格除格式不同于国家申请的请求书外，内容上还增加了"指定"和"申请人指明的国际检索单位"、"声明"等栏目，另外申请人栏目的填写有一些特殊的规定。下面对这些不同的栏目和一些需要注意的填写事项逐一说明。

（1）申请人的填写（第Ⅱ栏）

按照 PCT 规定，在有多个申请人的情况下，每一个申请人都应当填明姓名或名称、国籍、居所和地址。申请人如果使用中文填写请求书，还应当填写申请人及相关事项所对应的英文信息。姓（最好用大写字母）应当写在名的前面，不应写出职务和学位，法人应当写出正式全称。

如果申请人是个人同时也是该申请的发明人，则需要在上方的"□该人也是发明人"的方框中作出标记。在"其他申请人和/或（其他）发明人"栏中无须再填写该信息。

对于每一个申请人，其国籍应当用其所属国的国家名称或两个字母的代码来标明。居所应当用其居住地所在国的国家名称或者两个字母的代码来标明。地址的写法应符合迅速邮递的要求；地址应包括所有有关的行政区划名称（直至包括门牌号码，如果有门牌号码的话；以及邮政编码，如果有邮政编码的话），和国家名称。

此外，对于多个申请人，PCT 允许对于不同的指定国可以写明不同的申请人。例如，若一件申请有三个申请人 A、B 和 C，申请人 A 可以被指定为对中国的申请人，申请人 B 可以被指定为对美国的申请人，申请人 C 可以被指定为除中国和美国之外其他指定国的申请人。

为了标明某申请人不是对所有指定国的申请人，需要在"□补充栏中注明的国家"的方框中作出标记，并且必须在补充栏中重复写明该申请人的姓名或名称，同时写明其作为申请人的国家名称。

（2）其他申请人和/或（其他）发明人的填写（第Ⅲ栏）

与国家申请请求书所不同的是，国际申请的请求书中未专门设置发明人一栏，而是将其他申请人和发明人合并为一栏。在填写该栏时，需要在右侧的方格中作出相应的标记，指明其身份。

根据《专利合作条约实施细则》（以下简称"PCT 细则"）4.6（c）的规定，对不同的指定国可以写明不同的发明人（例如，当不同指定国的法律对此的要求不同时），这种情形下的填写同申请人。在没有注明的情况下，将推定发明人是对所有指定国的发明人。

发明人的填写同申请人的要求相同，姓（最好用大写字母）应当写在名的前面，使用中文填写的还需写明相应的英文信息。

（3）指定的填写（第Ⅴ栏）

根据 PCT 细则 4.9（a）的规定，提交请求书即意味着指定了在国际申请日时受 PCT 约束的所有成员国，并要求获得可以获得的每一种保护类型，以及在适用情况下，要求获得地区专利和国家专利。

但是，如果作为优先权基础的在先申请是在德国、日本、韩国提出的国家申请，为了避免被要求优先权的该在先国家申请因国家法律规定而停止效力，应在提交国际申请时，在此栏中排除对上述国家的指定。

对于申请人想从全部指定中排除的其他 PCT 成员国，申请人应该根据 PCT 细则 90 之二.2 的规定提交相关指定的撤回声明。撤回声明必须由申请人签字（如有多个申请人，须经全体申请人签字，或者由每个申请人在请求书、要求书或单独的委托书上签字（由申请人选择）授权的代理师或共同代表签字）。

（4）优先权要求和文件的填写（第 Ⅵ 栏）

如果要求在先申请的优先权，必须在请求书中提出包括优先权要求的声明。请求书需要写明在先申请的申请日和申请号。其中日期的填写方式为：用阿拉伯数字表示的日，随后的月份名称，最后，用阿拉伯数字表示的年；在上述日期的旁边，或下面，或上面在括号内重复标出该日期，即分别用两位阿拉伯数字表示日、月，用四位阿拉伯数字表示年，按日、月、年的顺序表示，各项之间用圆点、斜杠或连字号隔开。例如："26 10 月 2016（26.10.2016）"或"26.10 月 2016（26/10/2016）"或"26 10 月 2016（26－10－2016）"。

如果在先申请是国家申请，必须指明提交在先申请的《保护工业产权巴黎公约》（以下简称《巴黎公约》）的成员国名称或者是世界贸易组织成员的非《巴黎公约》的成员国的名称。如果在先申请是地区申请，必须指明所涉及的地区专利局。如果在先申请是国际申请，必须指明提交在先申请的受理局。例如，某申请要求了一项在先申请号为 PCT/CN2016/123456 的优先权，则需要写明的是在先申请的受理局即 CN，而不是 WIPO。

一般情况下，在先申请的申请日必须在早于国际申请日起 12 个月内，即国际申请日需要在优先权期限内。如果国际申请的提交日迟于优先权期限的届满日但在届满日后 2 个月内，申请人可以根据 PCT 细则 26 之二 .3 请求受理局恢复其优先权。该请求必须在优先权期限届满后 2 个月内向受理局提出，也可以在请求书中的第 VI 栏中指明要求恢复的优先权。需要注意的是，对于恢复优先权要求的请求，受理局可以要求缴纳一定的费用，具体信息请参见 PCT 申请人指南附件 C。中国国家知识产权局作为受理局规定这种情况需缴纳的恢复权利请求费为 1000 元。

（5）国际检索单位的填写（第 VII 栏）

按照 PCT 的规定，各受理局的主管国际检索单位由各受理局与专利合作条约联盟大会指定的国际检索单位协商后确定。如果受理局选定了两个以上的国际检索单位作为主管的国际检索单位，那么申请人有权在这些国际检索单位之间选择一个负责对其申请进行国际检索。此时，申请人在指明的国际检索单位栏目中，应当指明一个国际检索单位作为其申请的主管国际检索单位。

如果受理局只选定一个国际检索单位作为该受理局的主管国际检索单位，此时申请人不必填写此栏目。由于中国国家知识产权局在作为受理局时只选定了中国国家知识产权局作为其主管国际检索单位，所以向中国国家知识产权局提交国际申请可以不填写这一栏目。

（6）声明的填写（第 VIII 栏）

根据 PCT 细则 4.1（c）（iii）和 4.17 的规定，请求书中还可以包括一项或者多项声明，其目的是提前在国际阶段以统一的格式满足某些国家的要求。这几项声明是非强制的，申请人可根据需要进行填写。

声明应当按照 PCT 行政规程规定的方式撰写，可以包含的内容如下：

①关于发明人身份的声明；

②关于申请人在申请日有权申请和被授予专利的声明；

③关于申请人在申请日有权要求在先申请的优先权的声明；

④发明人资格声明（仅为指定美国的目的）；

⑤关于不影响新颖性的公开或丧失新颖性的例外的声明。

如果申请人提出根据 PCT 细则 4.17（ⅰ）～（ⅳ）规定的含有要求的标准语句的声明，进入国家阶段后国家局不得要求与声明有关的文件和证据。除非国家局有足够的理由怀疑声明的真实性；或某些国家保留对声明的承认。

国际申请的说明书和权利要求书的撰写要求与在中国申请的说明书和权利要求书的撰写要求基本相同。其中说明书分为六个部分（PCT 细则第 5 条），具体是：技术领域、背景技术、发明内容、附图的简要说明、本发明的实施方式、工业实用性。必要时应包括被保藏的生物材料的说明和序列表。如果专利申请文件包含有核苷酸和/或氨基酸序列，为满足国际检索及审查的要求，建议申请人采用电子形式提交申请。

与国家申请的编页不同，国际申请所有文件应用阿拉伯数字按以下独立的系列连续编页码：第一系列仅用于请求书，并从请求书的第一页开始；第二系列从说明书（除序列表部分）的第一页开始，然后是权利要求书直至摘要的最后一页；必要时，第三系列用于附图，附图各页的页码应由二组中间用斜线分开的阿拉伯数字组成，第一组是页的编号，第二组是附图的总页数（例如：1/3、2/3、3/3）；必要时，第四系列用于说明书的序列表，并从其第一页开始。页码应置于纸页的上部或下部（但不在页边中），并处于左右居中位置。

8.3.2　申请手续

（1）提出国际申请

一般来说，只有 PCT 各成员国的国民或者居民可以提出国际申请。也就是说，在通常情况下，至少有一名申请人的国籍或居所所在国是PCT成员国，申请人才有资格提出国际申请。

申请人通过《巴黎公约》途径直接向其他国家提交专利申请的，其申请必须使用该国的语言，并且必须直接向该国的专利机构提交。申请人通过PCT途径提交国际申请的，如果申请人所在国的专利局获得作为国际申请受理局的资格，可以直接向所在国专利局提交；如果所在国专利局没有获得国际申请受理局的资格，则须要向本国委托的受理局或者直接向国际局提交。申请所使用的语言应当是受理局能够接受的语言。

提交PCT申请通常需要缴纳的费用包括传送费、检索费和国际申请费。其中国际申请费为1330瑞士法郎，申请文件超过30页的，还需要缴纳每页15瑞士法郎的附加费。检索费取决于所选的国际检索单位，金额为150～2000瑞士法郎不等，传送费的具体金额取决于受理局，中国国家知识产权局作为国际受理局的传送费已停征。更多信息可查询世界知识产权组织网站上的PCT栏目。费用都是向受理局缴纳，其中传送费受理局留存，检索费转交国际检索单位，国际申请费转交国际局。所有费用均应自国际申请日起1个月内缴纳。PCT费用也有相应的减免政策，符合条件的可以享受费用的减免。

（2）向中国国家知识产权局提出国际申请

中国单位或个人提出国际申请的，可以通过下面两种方式之一提出申请：

①首先向中国国家知识产权局提出国家专利申请，然后在12个月的优先权期限内再提出国际申请；

②直接向中国国家知识产权局提出国际申请。

由于国家专利申请的手续比较简单，费用也比较少，所以采用第一种方式先获得优先权日比较可取。申请人可以利用12个月的优先权期限，筹集费用，考虑选择合适的专利代理机构等。

中国单位或者个人提出国际申请可以委托依法设立的专利代理机构办理，也可以自行处理。

中国国家知识产权局专利局受理处负责接收向中国国家知识产权局以纸件形式提交的国际申请，中国国家知识产权局在全国各地设立的代办处不接收国际申请。中国国民或居民也可以直接向国际局提交国际申请，但以向中国国家知识产权局提交更为经济和简捷。对于在中国完成的发明或者实用新型，如果申请人意欲直接向国际局提出国际申请，则必须事先请求国家知识产权局进行国家安全许可的审查。

申请人向中国国家知识产权局提交国际申请有以下几种方式：

①到受理大厅 PCT 窗口面交；

②通过邮局邮寄，邮寄地址为：北京市海淀区蓟门桥西土城路 6 号，国家知识产权局专利局受理处 PCT 组，邮编 100088；

③传真方式，申请人应在发出传真文件日起 14 天内，将传真原件交到受理处 PCT 组，否则传真视为未收到；

④使用 CE – PCT 网站在线提交申请；

⑤PCT – SAFE 软件提交电子形式的申请文件。

对于面交或邮寄的文件，以受理处收到文件之日为收到日；对于传真方式提交的文件，以完整的传真文件到达受理处之日为收到日；对于在线提交的文件，以专利局服务器完整接收专利申请文件之日为收到日。

中国国家知识产权局以实际收到符合受理条件的国际专利申请文件之日为国际申请日。通过传真提交的，只要传真件符合受理条件，并在规定时间内将原件送达的，以传真日为国际申请日。提交的国际专利申请文件不符合受理条件的，允许申请人在提交日起的 2 个月内补正，并以补正符合受理条件之日为国际申请日。

8.4　国际申请的审查程序

国际申请的审查程序分为国际阶段程序和国家阶段程序。国际申请先要进行国际阶段程序的审查，然后再进入国家阶段程序审查。申请的提出、国际检索和国际公布在国际阶段完成。如果申请人要求，国际阶段还包括国际初步审查程序。是否授予专利权的审批工作在国家阶段由各个指定/选定的各个国家局完成。图示见图 8 – 1。

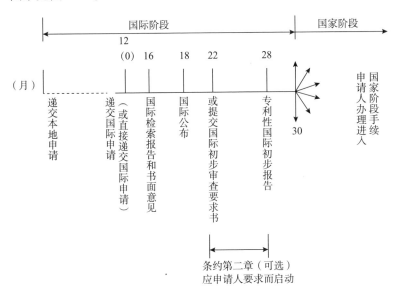

图 8 – 1　PCT 国际申请的审查程序

8.4.1　国际阶段程序

国际申请在国际阶段程序审查中分为两个阶段，第一阶段是受理局对申请进行形式审查、国际检索单位制定国际检索报告及书面意见和国际局公布国际申请，这一阶段是必须的程序；第二阶段是在国际初步审查单位对申请进行国际初步审查（相当于国家申请的实质审查），这一阶段是非强制性的。

（1）受理局的处理

受理局的处理包括接收国际专利申请文件、审查受理条件、确定国际申请日、对专利申请文件和其他文件进行形式审查、向国际局和国际检索单位传送文件等。受理局收到国际申请后，将审查该申请是否符合 PCT 第 11 条的要求，即是否符合确定国际申请日的条件：申请人是否明显不具有向该受理局提交国际申请的权利；申请是否使用了规定的语言；申请是否指明作为国际申请提出；申请是否至少指定了一个成员国；申请是否按规定方式写明了申请人的姓名或者名称；专利申请文件是否有一部分至少从表面上看起来像是说明书以及是否有一部分看起来像是一项或者几项权利要求。

上述条件中的作为国际申请提出的说明，对于纸件申请而言，该说明已印刷在请求书表格中，对于 PCT－SAFE 软件制作或在线提交的电子申请而言，该说明在制作请求书表格时自动生成；至少指定了一个成员国，现在提交请求书就意味着自动指定了所有的成员国。因此，只要使用规定的请求书表格，就可满足这两个条件。

国际申请经审查符合上述条件的，受理局将以收到国际申请之日作为国际申请日；经审查不符合上述条件的，受理局发出补正通知的，申请人应当自发文日起 2 个月内改正，没有发出通知的，自受理局首次收到据称的国际申请之日起 2 个月内改正，改正后符合规定的，以改正之日作为国际申请日。

在确定国际申请日之后，受理局需要对专利申请文件进行形式审查。审查请求书中填写的事项是否符合规定，审查专利申请文件是否符合 PCT 细则第 11 条规定的形式要求，主要包括：申请文件的排列顺序为请求书、说明书（除序列表部分）、权利要求书、摘要、附图（如果有附图）以及说明书的序列表部分（如果有序列表）；请求书、说明书、权利要求书、摘要、说明书的序列表部分是打字或印刷的；说明书和权利要求书的文字内容没有分栏、歪斜的情况；说明书、权利要求书和摘要不包含附图，但可以包含化学式或数学式和/或表格等。

国际申请的形式审查同国家申请的形式审查在内容和要求上大体相同，但是国际申请从提交申请文件开始就允许对申请文件的形式缺陷和有关手续进行补正，补正期限为发出通知书之日起2个月。

向中国国家知识产权局提交的国际申请，首先对其进行国家安全许可的审查，如果据称的国际申请获得国家安全许可，受理局应当及时向国际局传送登记本。如果国家安全许可被拒绝或者在优先权日起13个月未获得，受理局通知申请人和国际局该申请不再视为国际申请（PCT/RO/147表），并且不再传送登记本和检索本。

（2）国际检索

通常情况下，每件国际申请都应经过国际检索，申请人按规定缴纳了检索费，就会启动国际检索。国际检索的目的在于努力发现相关的现有技术，并在原始申请文件基础上提供关于新颖性、创造性及工业实用性的初步、无约束力的意见。

国际检索只能由具有国际检索资格的国际检索单位进行，目前国际检索单位为奥地利专利局（AT）、澳大利亚知识产权局（AU）、巴西国家工业产权局（BR）、加拿大知识产权局（CA）、智利国家工业产权局（CL）、中国国家知识产权局（CN）、埃及专利局（EG）、欧洲专利局（EP）、西班牙专利商标局（ES）、芬兰专利与注册局（FI）、以色列专利局（IL）、印度专利局（IN）、日本特许厅（JP）、韩国专利局（KR）、俄罗斯联邦知识产权专利和商标局（RU）、瑞典专利与注册局（SE）、新加坡知识产权局（SG）、土耳其专利商标局（TR）、乌克兰知识产权局（UA）、美国专利商标局（US）、北欧专利局（XN）和维谢格拉德专利局（XV）22个国家或地区的专利局（名单截至2017年8月20日）。国际申请由受理该申请的受理局委托的国际检索单位进行检索，有的国家委托了多个国际检索单位，则申请人可以选择其中任何一个作为主管国际检索单位进行国际检索。中国国家知识产权局负责对其受理的国际申请进行国际检索。

国际检索以国际申请的权利要求为基础，可以适当考虑说明书和附图的内容。国际检索必须检索自1920年以来的主要工业国家和中国的所有专利文献以及条约规定的非专利文献。国际检索单位在完成国际检索后，要制定国际检索报告，同时还作出一份书面意见。检索报告将列出相关的对比文献，书面意见则对请求保护的发明创造是否具有新颖性、创造性和工业实用性提出初步的、无约束力的意见。具体内容包括要求保护的发明是否看起来具备新颖性、创造性和实用性，国际申请是否符合PCT和PCT细则的有关要求等。需要注意的是，国际检索单位的检索结果以及关于可专利性的初步意见，对指定局没有约束力，仅起参考作用，而申请人可以参考国际检索报告及书面意见评估获得专利的可能性，决定是否进一步完善申请文件或者国际申请是否进入国家阶段。

当发生以下几种情形时，国际检索单位可以不进行国际检索，宣布不制定国际检索报告：

①当国际申请的主题为下列情形之一的：

▶科学和数学理论；

▶植物或者动物品种或者主要是用生物学方法生产植物或者动物的方法，但微生物学方法和由该方法获得的产品除外；

▶经营业务、纯粹智力行为或者游戏比赛的方案、规则或者方法；

▶处置人体或者动物体的外科手术方法或治疗方法，以及诊断方法；

▶单纯的信息提供；

▶计算机程序，在国际检索单位不具备条件检索与该程序有关的现有技术的限度内。

②说明书、权利要求书或附图不符合要求，以至于不能进行有意义的检索。

③未在规定期限内提交电子形式的序列表等。

如果申请包括一项以上不具备单一性的发明，国际检索单位可以要求申请人就每一项不具备单一性的发明缴纳检索附加费。

国际检索报告的完成期限为自国际检索单位收到检索本起3个月或自优先权日起9个月，以后届满的期限为准。例如，某国际申请的国际申请日为2016年10月26日，该申请未要求优先权，国际检索单位收到检索本的日期为2017年1月26日，自收到检索本起3个月的日期为2017年4月26日，自优先权日起9个月的日期为2017年7月26日，则应在2017年7月26日前完成国际检索报告。

中国国家知识产权局完成的检索报告及书面意见应当分别寄送申请人和国际局。

（3）根据PCT第19条的修改

申请人收到检索报告及书面意见以后，可以根据检索报告及书面意见对国际申请的权利要求书进行一次主动修改（即PCT第19条的修改）。该修改应当在国际检索单位发出检索报告之日起2个月内或者优先权日起16个月内（以后到期为准）寄送国际局。如果国际局在上述期限届满后收到申请人对权利要求书的修改，只要该修改在国际公布的技术准备工作完成之前到达国际局，则视为国际局在上述期限的最后一日收到该修改。

对权利要求书的修改不能超出原始申请的公开范围，但如果某一指定国允许修改超范围的，则在该指定国可以接受超出范围的修改。如果国际申请使用的语言与国际公布使用的语言不同，修改应当使用国际公布时所用的语言。

提交修改时，申请人可以按照 PCT 细则的规定同时提出一份简短的声明，解释该修改并指出其对说明书和附图可能产生的影响，该声明应有标题以便辨认，最好用"根据条约 19（1）所作的声明"的字样。修改应当用替换页的形式提交，该替换页包括一套完整的权利要求书用来替换原始提交的全部权利要求，同时还应当附有一封信函，在信函中指出修改导致哪些权利要求与原始提交的权利要求不同，或者修改导致哪些权利要求被删除，还应指出所作的修改在原始提交的申请中的基础。

需要注意的是，如果国际检索单位宣布不制定检索报告，则不允许提出按照条约 19 条的修改。

（4）国际公布

国际申请应当自优先权日 18 个月届满后由国际局迅速进行国际公布，并将该申请的文本和检索报告传送给所有指定国的专利局。

国际公布文本是指由国际局公布的国际申请文本，包括：扉页、说明书、权利要求书、附图、按照 PCT 第 19 条作出的修改和国际检索报告、为满足国家要求的声明，以及其他相关文件或信息等。

扉页中记载了该国际申请的著录项目信息、摘要及摘要附图。著录项目信息包括：国际公布号、国际申请号、国际申请日、国际公布语言、优先权信息、国际公布日、发明名称、申请人信息、发明人信息、指定国、根据 PCT 细则 4.17 的声明和其他信息。

其他文件主要包括：关于微生物保藏的说明（PCT/RO/134表）、确认援引项目或部分决定的通知书（PCT/RO/114 表）、申请人依据 PCT 细则 4.17 所作的声明和采用电子形式公布的核苷酸和/或氨基酸序列表等。

国际公布文本的种类分为：

A1：国际申请和国际检索报告一同公布。

A2：国际公布中只有国际申请而缺少国际检索报告，或者国际申请和根据 PCT 17（2）（a）的宣布一同公布。

A3：随后公布的国际检索报告及经更正的扉页。

A4：随后公布的按照 PCT 第 19 条修改的权利要求和/或声明以及经更正的扉页。

A8：对国际申请扉页中的著录项目信息的更正。

A9：对国际申请或国际检索报告的更正、变更或补充文件（参见世界知识产权组织标准 ST.50）。

国际公布有 10 种公布语言，分别是阿拉伯文、中文、英文、法文、德文、日文、韩文、葡萄牙文、俄文或者西班牙文。如果国际申请是用公布语言提出的，则申请以提出时使用的语言公布；如果国际申请未使用一种公布语言提出，申请人提交了翻译成公布语言的译文，则该申请应以该译文的语言公布。如果以英文之外的一种语言进行公布的，则同时对国际检索报告或者有关宣布、发明名称、摘要以及摘要附图中的文字使用英文和这种公布语言进行公布。

国际申请一经国际公布，在该指定国的效力与指定国本国法所规定的强制国家公布的效力相同，但以下情况除外：第一，国际公布的语言与指定国本国法律规定的公布语言不同的，国际公布自国际申请在指定国以本国法律规定的公布语言译文公布之日或者以其他方式向公众提供之日生效；第二，指定国规定提前公布的以自优先权日起 18 个月届满之日生效；第三，指定国规定只有在该国的国家局收到国际公布文本之后，国际公布在该指定国的效力才能产生。因此，对于以中文提出的国际申请，自国际公布日起就开始在中国产生临时保护的效力。

（5）国际初步审查（可选择的）

根据 PCT 第 2 章规定而进行的国际初步审查，是国际申请的一个可选程序，应申请人的要求而启动。国际初步审查的主要目的是为了获得《就有关国际申请中请求保护的发明看来是否具有新颖性、创造性（非显而易见性）和工业使用性等问题，提出的初步的、不具有约束力的意见》。第二个目的是确认国际申请的权利要求书是否存在形式和内容方面的缺陷，例如权利要求书、说明书和附图是否清楚、或者权利要求书是否已由说明书充分支持。在国际检索阶段，申请人不能对专利申请文件进行修改，而在国际初步审查阶段，申请人可以与审查员之间进行交流，对专利申请文件提出修改。

国际初步审查单位和国际检索单位相同。

主管国际初步审查单位由受理局指定。受理局可以指定一个或多个国际初步审查单位。有多个单位时，申请人可作出选择，国家知识产权局作为受理局仅指定本局为主管国际初步审查单位。如果国际申请是向作为受理局的国际局提出，按照有权受理该国际申请的受理局所指定的主管国际初步审查单位来确定主管国际初步审查单位。中国的国民或居民向国际局提出的国际申请，其主管国际初步审查单位是中国国家知识产权局。

申请人要求进行国际初步审查的，应当自国际检索报告或宣布不制定国际检索报告的发文日起 3 个月或自优先权日起 22 个月内（以后到期的为准）向主管的国际初步审查单位提交要求书，要求书必须按照规定的格式和语言提交，并按规定缴纳手续费和初步审查费。手续费由国际初步审查单位收取后转交国际局。手续费为 200 瑞士法郎，初步审查费由各国际初步审查单位规定并收取，国家知识产权局收取的国际初步审查费为 1500 元。如果申请包括多个不具备单一性的发明，国际初步审查单位可以要求申请人缴纳审查附加费。

从提出国际初步审查要求书之日起，直至国际初步审查单位的审查员拟定国际初步审查报告之前，申请人可以以规定的方式修改权利要求书、说明书和附图（即PCT第34条的修改）。该修改不能超出国际申请提出时对发明公开的范围。当修改说明书或附图时，对国际申请中由于修改而导致与原始提出页不同的每一页，申请人均应提交替换页，还应随替换页一起提交一封信函，在信函中说明被替换页与替换页之间的差别，并指出所作的修改在原始提交的申请中的基础，最好解释修改的原因。修改权利要求书的要求同按照PCT第19条提出的修改。该修改文件将作为国际初步审查报告的附件进行传送。

国际初步审查单位一般应当在自优先权日起28个月或者自启动国际初步审查之日起6个月内完成，并形成《国际初步审查报告》，并将报告和附件（如果有）传送给国际局和申请人。报告内容包括报告的基础文件对每一个权利要求的专利性的评述，否定的一般要求说明理由。《国际初步审查报告》对选定国专利局没有法律约束力，但是一般会被作为审批时的参考。《国际初步审查报告》给了申请人在进入国家阶段并缴纳费用之前对在选定局取得专利的可能性进行评估的机会。国际申请在经历了国际初步审查阶段之后进入的专利局所在国称作"选定国"。

如果国际申请涉及的主题按照PCT细则的规定并不要求国际初步审查单位进行国际初步审查，则无须对该国际申请进行国际初步审查，其中主题的情形与不进行国际检索的主题相同。

申请人可以撤回国际初步审查请求，也可以撤回对某个国家的选定，如果撤回所有选定国则视为撤回国际初步审查要求。撤回选定或者撤回国际初步审查请求的应当通知国际局，由国际局通知有关选定局和国际初步审查单位。

8.4.2　国家阶段程序

（1）进入国家阶段

由于 PCT 尚未实现专利授权的国际合作，因此授权的任务仍由各个国家局完成。申请人要想获得成员国的专利保护，仅仅是提交国际申请和要求国际初步审查是不够的，必须按照各成员国法律的规定进入该成员国的国家阶段，才可能在该成员国获得专利权。因此，目前仅仅存在"国际申请"，不存在"国际专利"。

申请人想要在某些指定国或者选定国继续申请的，应当在自优先权日起 30 个月，向希望获得专利保护的国家办理进入手续。各成员国可以规定更长的期限，特殊情况下，有些国家要求 20 个月，具体各个成员国的进入期限可以查询世界知识产权组织网站的"PCT 资源"中的"进入国家/地区阶段的期限"。

进入手续包括以下：

①缴纳该国家规定的申请费。

②如果国际申请公布的语言不是进入国规定的官方语言，应当提交国际申请的译文；申请人如果对在国际阶段国际申请有修改的，应当根据进入国的要求提交修改的译文；根据进入国的要求提交优先权文本或其他文件的译文。

逾期未办理上述手续的，国际申请将失去国家申请的效力。

进入国家阶段，如果指定国或选定国存在发明专利、发明人证书、实用新型、实用证书、增补专利、增补证书等保护类型的，申请人可以选择保护类型。

国际申请进入指定国或选定国的国家阶段后，其审批程序就同国家申请相同了。但在实施早期公开的国家，如果国际申请 18 个月公布时使用的不是本国规定的官方语言，通常还要将申请用官方语言重新公布一次。

PCT 规定，在国际申请的国家阶段，申请人还应有机会在规定的期限内对权利要求书、说明书及其附图进行修改。指定国或选定国法律允许的，修改可以超出提出国际申请时对发明公开的范围。

（2）进入中国国家阶段

申请人希望在中国获得专利保护的，应当自优先权日起 30 个月内办理进入中国国家阶段的手续，未在该期限内办理的，在缴纳宽限费后，可以自优先权日起 32 个月内办理该手续。申请人未在优先权日起 32 个月内办理进入国家阶段手续的，国际申请在中国的效力终止。

《专利法》第 9 条规定：同样的发明创造只能授予一项专利权。国际申请指定中国的，在办理进入国家阶段手续时，应当选择要求获得的是"发明专利"还是"实用新型专利"，二者择其一。

办理进入国家阶段手续，申请人应当提交规定的文件，并缴纳规定的费用。在中国境内无长期居所或营业所的外国人、外国企业或外国其他组织，其国际申请进入国家阶段时，应当委托依法设立的专利代理机构办理进入国家阶段手续及相关事务。在中国内地有经常居所或者营业所的申请人，其国际申请进入国家阶段时，可以委托专利代理机构，也可以自行办理有关事务。

①应当提交的文件

a. 国际申请进入中国国家阶段声明（中国国家知识产权局统一制定的表格），根据保护类型选择相应的表格；

b. 原始权利要求书和说明书的中文译文；

c. 附图和摘要附图副本（若附图中有文字的，应当将其替换为对应的中文文字）；

d. 摘要的中文译文；

e. 其他应当提交的文件（必要时），例如专利代理委托书等。

使用中文完成国际公布的国际申请在进入国家阶段时只需要

提交进入声明、国际公布文件中的摘要及摘要附图（有摘要附图时）的副本。但是，以中文提出的国际申请在完成国际公布前，申请人请求提前处理并要求提前进行国家公布的，还需要提交原始申请的说明书、权利要求书及附图（有附图时）的副本。

申请人可以以电子文件形式或者纸件文件形式提交专利申请文件。电子文件形式的提交同国家申请；以纸件形式提交的，可以通过邮寄或者面交方式将文件提交到"中国国家知识产权局专利局受理处 PCT 组"。

②应当缴纳的费用

ⅰ）申请费；

ⅱ）申请附加费；

ⅲ）公布印刷费；

ⅳ）宽限费（适用时）；

ⅴ）优先权要求费（适用时）。

申请人在收到国际申请进入中国国家阶段通知书之后，应当以国家申请号缴纳相关费用，在此之前可以以国际申请号缴纳相关费用。

国家阶段也有相应的费用减免政策，由中国受理的国际申请在进入中国国家阶段时免缴申请费及申请附加费。由中国作出国际检索报告及专利性国际初步报告的国际申请，在进入国家阶段并提出实质审查请求时，免缴实质审查费。由欧洲专利局、日本专利局、瑞典专利局三个国际检索单位作出国际检索报告的国际申请，在进入国家阶段并提出实质审查请求时，只需要缴纳80%的实质审查费。但是提出实质审查请求时，专利局未收到国际检索报告的，实质审查费不予减免。

③进入日的确定

按照规定办理进入国家阶段手续的国际申请，凡是经审查在中国具有效力，且符合《专利法实施细则》第 104 条第 1 款第 1

项至第3项要求的，专利局应当给予国家申请号，明确国际申请进入国家阶段的日期（以下简称进入日），并发出国际申请进入中国国家阶段通知书。进入日是指向专利局办理并满足《专利法实施细则》第104条第1款第1项至第3项规定的进入国家阶段手续之日。上述满足要求的进入国家阶段手续是在同一日办理的，该日即为进入日。上述满足要求的进入国家阶段手续是在不同日办理的，以进入国家阶段手续最后办理之日为进入日。

④国家阶段的文件修改机会

申请人可以在办理进入国家阶段手续之后在规定的期限内提出对专利申请文件的修改。要求获得实用新型专利权的国际申请，申请人可以自进入日起2个月内对专利申请文件主动提出修改。要求获得发明专利权的国际申请，可以按照《专利法实施细则》第51条第1款的规定对申请文件主动提出修改。

当国际申请进入国家阶段时，申请人明确要求以按照PCT第28条或第41条作出的修改为审查基础的，可以在提交原始申请译文的同时提交修改文件，该修改视为按照《专利法实施细则》第112条的规定主动提出的修改。

申请人提交修改文件时应当附有详细的修改说明。修改说明可以是修改前后内容的对照表，也可以是在原文件复制件上的修改标注。修改是在进入国家阶段时提出的，在修改说明上方应当注明"按照专利合作条约第28条（或第41条）作出修改"的字样。修改的内容应当以替换页的形式提交，替换页与被替换页的内容应当相互对应，与被替换页的前、后页内容相互连接。

⑤国家公布

国家公布仅适用于进入中国的发明专利的国际申请。对于要求获得发明专利权的国际申请，专利局在初步审查合格后在发明专利公报上予以公布。对于以中文以外文字提出的国际申请，在完成国家公布后开始产生临时保护的效力。

国际公布是使用外文的申请，或者以中文提出的国际申请在完成国际公布前，申请人请求提前处理并要求提前进行国家公布的，以在《发明专利公报》中登载和《发明专利申请单行本》的出版两种形式完成国家公布。以中文进行国际公布的申请，国家公布以在《发明专利公报》中登载完成。

国际申请的国家公布在《发明专利公报》中与国家申请的公布分开，作为单独的一部分，由著录项目、摘要和摘要附图（必要时）组成。著录项目包括：国际专利分类号、申请号、公布号、申请日、国际申请号、国际公布号、国际公布日、优先权事项、专利代理事项、申请人事项、发明人事项、发明名称和电子形式公布的核苷酸和/或氨基酸序列表信息等。

国际申请的《发明专利申请单行本》的内容应当包括扉页、说明书和权利要求书的译文、摘要的译文，还可以包括附图及附图中文字的译文。必要时，包括核苷酸和/或氨基酸的序列表部分、记载有生物材料样品保藏事项的"关于微生物保藏的说明"（PCT/RO/134 表）的译文、按照 PCT 第 19 条修改后的权利要求书的译文以及有关修改的声明译文。

8.5　利用国际申请向外国申请专利的好处

主要好处有以下几点：

①简化和规范向外国申请专利的手续。申请人只要是 PCT 缔约国的国民或居民就可以通过向本国专利局提交一份申请，达到向所有 PCT 缔约国（目前世界各主要工业化国家和专利大国都是 PCT 的缔约国）申请的目的。

②有利于调整申请策略，节省相应开支。由于 PCT 的检索和初审分开，国际阶段和国家阶段分开，使申请人有足够的时间和机会进行调整。例如，经过检索发现很难有专利性时，就可以考

虑及早结束程序；或者当市场变化时，调整进入的国家。

③可以比较快地获得申请日和有比较长的时间筹集申请经费。申请外国专利，费用都比较昂贵，主要工业化国家的每个专利申请的费用大约不少于 5000 美元，同时申请几个国家将是一笔很可观的费用。利用 PCT 可以将主要费用支付的时间最长延长到自优先权日起 30 个月，同时又不影响及早获得申请日。

第9章 加快审查程序

9.1 专利优先审查管理制度

为了促进产业结构优化升级，推进国家知识产权战略实施和知识产权强国建设，服务创新驱动发展，完善专利审查程序，国家知识产权局于 2017 年 8 月 1 日发布《专利优先审查管理办法》（以下简称《管理办法》）（第 76 号局令）。依据该办法，专利申请人可以要求优先审查其专利申请。通过本章，优先审查请求人将可以了解专利申请优先审查适用的情形，以及如何启动专利申请优先审查程序。

9.1.1 专利的优先审查简述

在正常的审查程序中，专利申请遵循按序审查原则。专利申请的优先审查，是专利局依据《管理办法》，对符合规定的专利申请提供的快速审查通道。

为了有效利用当前已经十分紧张的审查人力资源，同时也为了将快速审查资源运用到各地方更加重要和紧迫的产业或技术项目上，《管理办法》规定申请人应当首先向国务院相关部门或者省级知识产权局申报，经由国务院相关部门或者省级知识产权局审核同意并推荐，而后向专利局提出专利申请优先审查请求。

除专利优先审查程序外，目前专利局还提供了其他的加快审查方式，例如专利审查高速路（PPH 途径）——这是专利局与其他国家或者地区专利审查机构通过签订双边或者多边协议开展的快速审查通道，应当遵从相关协议，按照有关规定处理，不适用《管理办法》的规定。

下面对专利优先审查程序做一简要介绍。

（1）优先审查的受理类型

专利优先审查受理类型包括以下4种情形：①实质审查阶段的发明专利申请；②实用新型和外观设计专利申请；③发明、实用新型和外观设计专利申请的复审；④发明、实用新型和外观设计专利的无效宣告。

其中，实质审查阶段的发明专利申请、实用新型专利申请、外观设计专利申请由专利局初审部受理。

专利申请复审、专利无效宣告的优先审查由专利复审委员会受理。

（2）优先审查的适用情形

《管理办法》第3条明确规定了专利申请优先审查的适用情形，即以下6个方面的专利申请可以请求优先审查，申请人请求优先审查的专利申请，应当满足以下理由之一：

①涉及节能环保、新一代信息技术、生物、高端装备制造、新能源、新材料、新能源汽车、智能制造等国家重点发展产业；②涉及各省级和设区的市级人民政府重点鼓励的产业；③涉及互联网、大数据、云计算等领域且技术或者产品更新速度快；④其专利申请人或者复审请求人已经做好实施准备或者已经开始实施，或者有证据证明他人正在实施其发明创造；⑤就相同主题首次在中国提出专利申请又向其他国家或者地区提出申请的该中国首次申请；⑥其他对国家利益或者公共利益具有重大意义需要优先审查。

（3）专利申请优先审查的请求主体

专利申请人可以对专利申请提出优先审查请求，当申请人为多个时，应当经全体申请人或者全体复审请求人同意。

（4）优先审查的数量控制

在保证审查质量和总体审查周期不受影响的前提下，专利局、专利复审委员会将在现有审查能力范围内提供尽量多的专利申请、专利复审、专利权无效宣告案件优先审查资源。对专利申请、专利复审、专利权无效宣告案件进行优先审查的数量，由国家知识产权局根据不同专业技术领域的审查能力、上一年度专利授权数量以及本年度待审案件数量等情况确定。

9.1.2　办理优先审查程序手续的一般要求

申请人办理优先审查程序，需要满足三个方面的手续要求，包括专利申请的申请方式、优先审查请求时机、优先审查请求手续文件。

（1）请求优先审查专利申请的申请方式

为了切实提高优先审查的效率，《管理办法》第 7 条规定，请求优先审查的专利申请应当采用电子申请方式。建议申请人采用 XML 格式文件的电子申请，该格式文件的电子申请有利于规范化管理，并能充分保证专利申请在整个流程的快速、准确；而对于 PDF 格式或 Word 格式文件，系统需要时间转换为审查用的 XML 格式文件，将影响整个审查周期。

对于专利申请的申请方式是纸件申请的情况，首先应当转成电子申请，转换成功后才能办理优先审查请求手续。纸件申请转成电子申请，主要有三个步骤，包括：①注册成为电子申请用户；②下载电子申请客户端，获取数字证书；③在客户端提出纸件申请转电子申请的请求。

（2）优先审查的请求时机

发明专利申请的优先审查主要是针对实质审查程序阶段的加速，即申请人启动发明专利申请优先审查程序的最佳时机是专利申请公开之后、刚进入实质审查程序时。申请人收到了专利局发出的《发明专利进入实质审查程序通知书》，或者是《发明专利公布及进入实质审查程序通知书》，则标志着发明专利申请已经启动了实质审查程序。

除了通过在实质审查阶段启动优先审查程序实现加快审查以外，在其他审查阶段也可以通过正确的操作有效缩短审查程序。例如，对于发明专利申请尚未公开的，申请人应当提交请求提前公布声明；专利申请公开后，尚未进入实质审查程序的，申请人应当尽快办理进入实质审查程序的手续，即提交实质审查请求书、缴纳实质审查费。

对于实用新型、外观设计专利申请人请求优先审查的，应当在申请人完成专利申请费缴纳后提出。

（3）优先审查请求手续文件

专利申请请求优先审查的手续文件包括：①专利申请优先审查请求书；②现有技术或者现有设计信息材料；③相关证明文件。

1）优先审查请求书

《专利申请优先审查请求书》是标准表格，表格编号：100043。请求人可以在国家知识产权局官网（www.cnipa.gov.cn）"表格下载"中的优先审查类别中下载《专利申请优先审查请求书》，并按照表格注意事项准确填写请求书。除《管理办法》第3条第5项的情形外，请求人应当向国务院相关部门或省级知识产权局递交《专利申请优先审查请求书》以及相关证明文件，由国务院相关部门或省级知识产权局进行审批，给出审批意见并加盖公章。"国务院相关部门"是指国家科技、经济、产业主管部门，以及国家知识产权战略部际协调成员单位。

《管理办法》第3条第5项，即就相同主题首次在中国提出专利申请又向其他国家或者地区提出申请的该中国首次申请，请求优先审查不需要省级知识产权局进行审批。

2）现有技术或者现有设计信息材料

关于"现有技术或者现有设计信息材料"，根据《专利法》第 22 条规定，现有技术是指（发明或者实用新型专利）申请日以前在国内外为公众所知的技术，包括在申请日（有优先权的，指优先权日）以前在国内外出版物上公开发表、在国内外公开使用或者以其他方式为公众所知的技术。申请人应重点提交与发明或者实用新型专利申请最接近的现有技术文件。

根据我国《专利法》第 23 条规定，现有设计是指（外观设计专利）申请日以前在国内外为公众所知的设计。申请人应重点提交与外观设计专利最接近的现有设计信息。

3）相关证明文件

"相关证明文件"是证明该专利申请案件符合《管理办法》所列优先审查情形的必要的证明文件。

《管理办法》第 3 条规定的第 1 款、第 2 款、第 3 款优先审查适用情形，即：①涉及节能环保、新一代信息技术、生物、高端装备制造、新能源、新材料、新能源汽车、智能制造等国家重点发展产业；②涉及各省级和设区的市级人民政府重点鼓励的产业；③涉及互联网、大数据、云计算等领域且技术或者产品更新速度快。对于以上情形，申请人需要提交的证明文件，是指能够证明专利申请涉及国家重点发展产业、省市人民政府重点鼓励产业、涉及互联网、大数据等领域的证明文件，可以是国家重点发展产业的相关通知或项目文件，省市人民政府重点鼓励产业的相关通知或项目文件，相应行业的相关通知或项目文件，或者是申请人陈述该专利申请涉及上述情形的情况说明等文件。

对于《管理办法》第 3 条第 4 款优先审查适用情形，即已经做好实施准备或者已经开始实施以及存在他人潜在侵权的情形，申请人需要提交相关证据证明已经做好实施准备——可以提供产品照片、产品目录、产品手册等；证明已经开始实施或者存在潜在侵权，可以提供产品交易或销售证明——例如买卖合同、产品供应协议、采购发票等。

对于《管理办法》第3条第5款优先审查适用情形，即就相同主题首次在中国提出专利申请又向其他国家或者地区提出申请的该中国首次申请，其申请人应当提交的证明文件，如果是通过PCT途径向其他国家或地区提出申请，则仅在优先审查请求书中说明即可；如果是通过《巴黎公约》途径向外申请，则需要提交对应国家或地区专利审查机构的在后申请的受理通知书。

对于《管理办法》第3条第6款优先审查适用情形，即其他对国家利益或者公共利益具有重大意义需要优先审查——例如专利申请涉及世博会、奥运会等方面——可以依据此款请求优先审查。

9.1.3　优先审查的期限要求

为切实提高专利申请优先审查效率，《管理办法》规定了严格的优先审查期限——既包括对专利局的审查时限要求，也包括对申请人答复意见的期限要求。

（1）对专利局审查工作的期限要求

专利局同意进行专利申请优先审查的，应当自专利局发出《予以优先审查通知书》发文之日起，在以下期限内结案：①发明专利申请在45日内发出第一次审查意见通知书，并在1年内结案；②实用新型和外观设计专利申请在2个月内结案。

（2）申请人答复意见的期限要求

实现快速审查、快速授权的目标，不仅需要专利局审查员特别专注于启动了优先审查的专利申请，在第一时间完成检索以及撰写审查意见通知书的任务；另外，申请人及时答复审查意见对缩短审查程序同样重要。《管理办法》第11条规定：对于优先审查的专利申请，申请人应当尽快作出答复或者补正。申请人答复发明专利审查意见通知书的期限为通知书发文日起 2 个月；申请人答复实用新型和外观设计专利审查意见通知书的期限为通知书发文日起 15 日。

在初步审查或者实质审查程序中，审查员发现申请存在明显实质性缺陷、格式缺陷、或者实质性缺陷时，应用补正通知书或者审查意见书的形式，通知申请人在指定的期限内对申请进行补正、修改或者对审查员指出的缺陷陈述意见。申请人对此必须答复，无正当理由不答复的，申请将被视为撤回。

（3）停止优先审查程序

对于优先审查的专利申请，优先审查请求人应当注意下列情形，如有下列情形之一的，专利局可以停止优先审查程序，按普通程序处理：①优先审查请求获得同意后，申请人根据《专利法实施细则》第51条第1款、第2款对申请文件提出修改；②申请人答复期限超过本办法第11条规定的期限；③申请人提交虚假材料；④在审查过程中发现为非正常专利申请。

《专利法实施细则》第51条第1款规定，发明专利申请人在提出实质审查请求时以及在收到国务院专利行政部门发出的发明专利申请进入实质审查阶段通知书之日起的 3 个月内，可以对发明专利申请主动提出修改。《专利法实施细则》第51条第2款规定，实用新型或者外观设计专利申请人自申请日起 2 个月内，可以对实用新型或者外观设计专利申请主动提出修改。专利申请人提出优先审查请求并获得同意后，应当放弃对专利申请进行主动修改的机会，否则专利局可以停止优先审查程序，按照普通审查程序继续审查。

申请人请求优先审查时不能提交虚假材料，包括请求书、现有技术或现有设计信息材料、相关证明文件必须真实提交，否则专利局可以停止优先审查程序。此外，申请人请求优先审查的专利申请，如果属于第 75 号局令《关于规范专利申请行为的若干规定》中的非正常专利申请情形，专利局可以停止优先审查程序。

9.2 知识产权保护中心的快速预审服务

为深入贯彻党中央、国务院关于严格知识产权保护的决策部署，积极推进知识产权严保护、大保护、快保护、同保护，按照《关于严格专利保护的若干意见》（国知发管字〔2016〕93号）和《关于开展知识产权快速协同保护工作的通知》（国知发管字〔2016〕92号）的有关工作要求，统筹推进知识产权保护中心（以下简称保护中心）建设。

保护中心围绕产业创新发展的重大需求，开展集快速审查、快速确权、快速维权于一体，审查确权、行政执法、维权援助、仲裁调解、司法衔接相联动的产业知识产权快速协同保护工作。

9.2.1 快速预审领域

保护中心根据批复文件中所明确的产业领域，结合本地相关产业知识产权实际需求，向国家知识产权局提交拟开展快速预审服务的技术领域，经国家知识产权局审定后确定最终的技术领域。

9.2.2 保护中心申请主体备案工作

保护中心应当对拟进入快速审查通道的企业、高校、科研院所等进行备案管理，并将名单上报国家知识产权局专利局。对于未备案的企事业单位，保护中心不得通过快速审查通道将其专利申请提交至国家知识产权局专利局。备案主体应为在保护中心所服务区域内进行登记注册的企事业单位。备案主体的主要生产、研发或经营方向，应属于保护中心所服务的产业领域。

9.2.3　专利申请快速预审服务

申请人提交申请文件至保护中心，保护中心预审的主要内容包括对拟提交的专利申请进行初步分类，判定是否属于保护中心服务的技术领域范围；对拟提交的专利申请文件的形式和内容进行审查，判定拟提交的专利申请是否涉及国家安全或者重大利益且存在低质量问题；对拟提交的发明专利申请的单一性和新颖性进行审查。

根据预审情况，形成保护中心的预审结论。如存在缺陷，则将缺陷告知申请人并要求申请人对申请文件进行修改以消除缺陷。

对于通过保护中心预审合格的拟提交的专利申请，申请人将其向国家知识产权局专利局正式提交，获得专利申请号后应立即完成网上缴费并于当日内将专利申请号提交至保护中心。如果拟提交的专利申请未通过保护中心预审，申请人可按照普通程序向国家知识产权局专利局提交申请。

保护中心对已正式向国家知识产权局专利局提交的专利申请（已获得专利申请号）进行审核，审核合格后，在专利审查系统中对专利申请号进行标注并提交。

9.2.4　专利复审及无效宣告请求快速预审服务

当事人提交专利复审/无效宣告请求相关文件至保护中心。专利复审案件的预审主要内容包括复审请求人的复审请求客体、复审请求人资格、期限、文件形式及委托手续等是否符合要求。专利无效宣告案件的预审主要内容包括无效宣告请求客体、无效宣告请求人资格、委托手续等是否符合要求；无效宣告请求人提交的专利无效宣告请求书、无效宣告请求范围及必要时附具的有关证明文件和说明所依据的事实是否符合要求；无效宣告请求人提交的必要证据及结合提交的所有证据具体说明无效宣告请求的理由是否符合要求。

对于通过保护中心预审合格的拟请求的专利复审案件和无效宣告案件，申请人向国家知识产权局专利复审委员会正式提交专利复审和无效宣告请求并反馈至保护中心，保护中心复核后将相应专利申请号提交至国家知识产权局专利复审委员会。

对于未通过保护中心预审的拟请求的专利复审案件和无效宣告案件，申请人可按照普通程序向国家知识产权局专利复审委员会提交请求。

9.2.5 专利权评价报告快速处理预审服务

当事人提交专利权评价报告请求文件至保护中心。专利权评价报告请求的预审内容包括专利权评价报告请求的客体、请求人资格、委托手续等是否符合要求；专利权评价报告请求书及相关证明文件是否符合要求。

专利权评价报告请求通过保护中心预审合格后，申请人向国家知识产权局专利局提交正式评价报告请求并反馈至保护中心，保护中心复核后将相关专利号提交至国家知识产权局专利局。

专利评价报告请求未通过保护中心预先审查的，申请人可按照普通程序向国家知识产权局专利局提交请求。

9.2.6 专利权评价报告快速出具预审服务流程

①专利权人或者利害关系人提交专利权评价报告请求书至保护中心，保护中心进行预审服务。

②通过预审服务后，专利权评价报告请求人向专利局提交专利权评价报告请求文件。

③专利权评价报告请求人缴纳费用。

④保护中心将预审服务通过的请求加快出具专利权评价报告

的专利号批量提交至专利局。

⑤未通过预审服务的请求，请求人可以按照普通非加快程序提交请求书。

9.3 通过专利审查高速路（PPH）加快审查

专利审查高速路（Patent Procecution Highway，PPH），是指申请人提交首次申请的专利局（OFF）认为该申请的至少一项或多项权利要求可授权，只要相关后续申请满足一定条件，包括首次申请和后续申请的权利要求充分对应、OFF 工作结果可被后续申请的专利局（OSF）获得等，申请人即可以 OFF 的工作结果为基础，请求 OSF 加快审查后续申请。

PPH 目前包括两种类型：其一为常规通过《巴黎公约》途径提交的 PPH 请求；其二为通过 PCT 提交的 PPH 请求。PPH 能够实现 PPH 案件的加快审查，缩短审查周期，降低申请人答复通知书的次数和节约审查成本，同时提高审查结果的可预见性，保证了 PPH 申请授权质量。

目前中国已和美国、日本、欧洲、韩国等 20 多个国家和地区开通 PPH 试点项目合作。向专利局提交 PPH 请求依据《在 SIPO 与 PPH 伙伴局专利审查高速路（PPH）试点项目下向中国国家知识产权局（SIPO）提出 PPH 请求的流程》办理。各项目流程参见国家知识产权局官网"专利审查高速路（PPH）专栏"www. cnipa. gov. cn/ztzl/zlscgslpphzl/index. htm。

9.3.1 向专利局提交 PPH 请求需满足的条件

申请人在首次申请受理局（IP5 试点项目下指首次审查局）提交的专利申请（简称对应申请）中所包含的至少一项或多项权利要求被确定为可授权或具有可专利性时，可以向后续申请受理局（IP5 试点项目下指后续审查局）提出 PPH 请求，以加快后续申请的审查。中国专利申请作为后续申请，当满足下列条件时，申请人可以针对该中国专利申请提出参与 PPH 试点项目请求。

（1）提出参与 PPH 试点项目的申请应当是发明专利申请（包括 PCT 国家阶段发明专利申请），且该发明专利申请必须是电子申请。

（2）提出 PPH 请求的时机必须同时满足以下条件：

①申请人在提出 PPH 请求之前或之时必须已经收到专利局作出的《发明专利申请公布通知书》。

②申请人在提出 PPH 请求之前或之时必须已经收到专利局作出的《发明专利申请进入实质审查阶段通知书》。注意，一个允许的例外情形是，申请人可以在提出实质审查请求的同时提出 PPH 请求。

③申请人在提出 PPH 请求之前及之时尚未收到专利局实质审查部门作出的审查意见通知书。

④同一申请最多有两次提交 PPH 请求的机会。

（3）本发明专利申请与对应申请之间的关系要符合《在 SIPO 与 PPH 伙伴局专利审查高速路（PPH）试点项目下向中国国家知识产权局（SIPO）提出 PPH 请求的流程》的要求。

（4）对应申请中具有一项或多项被该对应申请审查局认定为可授权/具有可专利性的权利要求。

（5）本发明专利申请的所有权利要求（在试点项目下请求加快审查），无论是原始提交的或者是修改后的，必须与对应申请审查局认定为具有可专利性/可授权的一个或多个权利要求充分对应。

9.3.2　向专利局提交 PPH 请求需提交的材料

申请人提出 PPH 请求，应当提交《参与专利审查高速路项目请求表》，并且，以下文件必须随付《参与专利审查高速路项目请求表》一并提交。注意，即使某些文件不必提交，其文件名称亦必须列入《参与专利审查高速路项目请求表》中，具体可以不必提交的文件请参见国家知识产权局与伙伴局签订的《在SIPO与PPH伙伴局专利审查高速路（PPH）试点项目下向中国国家知识产权局（SIPO）提出PPH请求的流程》。

（1）对于常规PPH，应提交对应申请审查局就对应申请作出的所有审查意见通知书（与对应申请审查局关于可专利性的实质审查相关，包括任何形式的检索报告、检索意见）的副本及其译文；对于PCT–PPH，应提交认为权利要求具有可专利性/可授权的最新国际工作结果（WO/ISA；在依据PCT第二章规定提出请求的情形下，WO/IPEA或IPER）的副本及其中文或英文译文。

（2）对于常规PPH，应提交对应申请中被对应申请审查局认定为具有可专利性/可授权的所有权利要求的副本及其中文或英文译文；对于PCT–PPH，应提交被最新国际工作结果认为具有可专利性/可授权的权利要求的副本及其中文或英文译文。

（3）提交对应申请审查局审查员引用文件的副本或者对应的国际申请的最新国际工作结果中引用文件的副本。

（4）对应申请审查局审查员引用文件的副本。

9.3.3　向专利局提交PPH请求的方式和费用

申请人应当通过中国专利电子申请系统客户端提交PPH请求文件，专利局通过专利电子申请系统接收PPH请求。

向专利局提交PPH请求不收取任何费用。

9.3.4　向专利局提交PPH请求的基本流程

（1）提交PPH请求前相关文件的准备

申请人应当按照国家知识产权局与伙伴局签订的《在SIPO

与 PPH 伙伴局专利审查高速路（PPH）试点项目下向中国国家知识产权局（SIPO）提出 PPH 请求的流程》中的要求，准备 PPH 请求相关文件。

1）PPH 请求文件

PPH 请求文件包括《参与专利审查高速路（PPH）项目请求表》和必要附加文件。其中必要附加文件包括：

①对应申请权利要求副本；

②对应申请权利要求副本译文；

③对应申请审查意见通知书副本；

④对应申请审查意见通知书副本译文；

⑤对应申请审查意见引用文件副本。

申请人应当根据中国申请和对应申请的实际情况填写《参与专利审查高速路（PPH）项目请求表》，并准备相关必要附加文件。

2）中国申请权利要求的修改

由于参与 PPH 试点项目需要中国申请的权利要求和对应申请中被认定为具有可专利性/可授权的权利要求充分对应，在提出 PPH 请求之前，有些中国申请权利要求需要通过修改才能满足上述条件，此时申请人需要注意修改的时机。申请人在中国提出实质审查请求时以及在收到中国作出的发明专利申请进入实质审查阶段通知书之日起的 3 个月内，可以对包括权利要求在内的申请文件主动提出修改。在满足上述时机要求的修改文件提交之后或同时，申请人提出 PPH 请求的审查将以修改后文件作为审查基础。

（2）PPH 请求文件的编辑和提交

申请人应当通过中国专利电子申请系统客户端提交 PPH 请求文件，文件提交的具体方式与专利申请一般中间文件的提交方式相同。

在中国专利电子申请系统客户端电子申请编辑器中点击【PPH 文件】标签，会打开"选择附加文件"对话框，通过该对话框可以添加"参与专利审查高速路（PPH）项目请求表"和必要附加文件。

1）《参与专利审查高速路（PPH）项目请求表》的编辑

申请人需要在中国专利电子申请系统客户端中填写《参与专利审查高速路（PPH）项目请求表》。在【PPH 文件】标签，选择《参与专利审查高速路（PPH）项目请求表》模板并打开，系统会主动弹出关于 PPH 项目请求表的填写说明，申请人应参照填写说明的具体要求进行填写。

2）PPH 必要附加文件的编辑

附加文件可以采用 XML 格式，也可以直接导入 PDF 格式文件，上述 XML 文件模板均为空白模板，不允许进行文字输入和编辑，只允许插入符合格式要求的图片。

3）文件提交

文件编辑完成之后，申请人需要将《参与专利审查高速路（PPH）项目请求表》同必要附加文件一起打包提交。需要注意，必要附加文件不能单独提交，必须随同《参与专利审查高速路（PPH）项目请求表》一起提交。

（3）《PPH 请求补正通知书》的答复

专利局对申请人提交的 PPH 请求进行审查后，若发现该请求存在《在 SIPO 与 PPH 伙伴局专利审查高速路（PPH）试点项目下向中国国家知识产权局（SIPO）提出 PPH 请求的流程》中规定可以通过补正方式进行修改的缺陷时，将发出《PPH 请求补正通知书》，申请人需要在指定的期限内对此通知书进行答复。

申请人答复《PPH 请求补正通知书》时，应当使用专用的《PPH 请求补正书》，同补正文件一起提交。《PPH 请求补正书》的填写和提交方式与普通申请的《补正书》的填写和提交方式基本相同，可参照操作。

《PPH 请求补正通知书》中指定的期限不可延长，若由于申请人未在指定期限内进行答复而导致该申请不能参与 PPH 项目，申请人也不能通过恢复程序进行救济。

（4）PPH 请求审批结论的接收及后续处理

专利局对申请人提交的 PPH 请求进行审查后，若发现该请求不符合《在 SIPO 与 PPH 伙伴局专利审查高速路（PPH）试点项目下向中国国家知识产权局（SIPO）提出 PPH 请求的流程》中的要求，将作出 PPH 请求不予批准的决定，并发出《PPH 请求审批决定通知书》告知申请人结果以及请求存在的缺陷。若 PPH 请求未被批准，申请人可再次提交请求，但至多一次。若再次提交的请求仍不符合要求，申请人将被告知结果，该中国申请将按照正常程序等待审查。

专利局对申请人提交的 PPH 请求进行审查后，若发现该请求符合《在 SIPO 与 PPH 伙伴局专利审查高速路（PPH）试点项目下向中国国家知识产权局（SIPO）提出 PPH 请求的流程》中的要求，将作出 PPH 请求予以批准的决定，并发出《PPH 请求审批决定通知书》告知申请人。同时该中国申请将被给予 PPH 下加快审查的特殊状态，先于普通申请尽快实质审查。

申请人参与 PPH 试点项目的请求获得批准后、收到有关实质审查的审查意见通知书之前，任何修改或新增的权利要求均需要与对应申请中被认定为具有可专利性/可授权的权利要求充分对应；否则专利局将撤回之前其 PPH 请求予以批准的审查结论，重新作出 PPH 请求不予批准的决定，该中国申请也将作为普通申请按照正常程序等待审查。

申请人参与 PPH 试点项目的请求获得批准后，为克服实审审查员提出的审查意见对权利要求进行修改，任何修改或新增的权利要求不需要与对应申请中被认定为具有可专利性/可授权的权利要求充分对应；任何超出权利要求对应性的修改或变更由实审审查员裁量决定是否允许。

第 10 章　香港的专利保护

1997 年 7 月 1 日香港回归祖国，成为中华人民共和国的一个特别行政区。中国国家知识产权局批准的专利能否在香港获得保护，自然成为中、外申请人和专利权人关心的问题。这个问题的答案对发明专利是肯定的。香港回归后，中国国家知识产权局批准的发明专利通过办理适当手续，可以在香港特别行政区得到保护。

10.1　香港特别行政区专利保护制度简介

在英国殖民统治时期的香港，其专利保护制度基本上是英国专利保护的延伸，其基础是原港英当局颁布的《专利权注册条例》。根据该条例，香港自身没有独立的专利，但是允许、并且只允许专利权人就其在英国获得批准的专利或欧洲专利局批准并指定英国的专利授权后 5 年内，到香港进行专利注册，从而在香港取得专利保护，并且该注册专利的有效性依赖于原英国专利的有效性。

为了有利于香港的顺利回归和继续稳定繁荣，香港回归前夕中英双方进行了多轮谈判，其中包括知识产权保护的议题当然也包括专利制度问题。根据中英双方的谈判结果，1997 年 5 月 29 日港英当局颁布了新的《专利条例》取代了原来的《专利权注册条例》。该《专利条例》反映了香港即将回归的现实，初步体现了一国两制的构想。该《专利条例》已于 1997 年 6 月 27 日起实施。目前，香港特别行政区的专利保护制度就是以该《专利条例》为基础的。

按照《专利条例》的规定如下。香港特别行政区设立标准专利和短期专利两种专利制度；香港特别行政区知识产权署专利注册处负责审批标准专利和短期专利。这两种专利的授权条件同我国的发明和实用新型专利的授权条件大体相同。但是，在这两种专利的审批程序中都只进行形式审查，而不进行实质审查。只要申请符合规定的格式和满足条例规定的法律要求，在请求人办理规定的注册手续后，即可批准为相应的专利。

标准专利是通过注册"指定专利当局"（即由香港特别行政区政府指定的专利局）已经授权的发明专利而批准的一种专利。标准专利的审批程序规定：请求人为获得标准专利应当办理记录、注册两个阶段的手续。第一阶段应当在指定专利当局公布申请后的6个月内进行（该公布申请称作"指定专利申请"）；第二阶段应当在指定专利当局对该申请授权后的6个月内进行，或在香港指定专利申请记录请求公布后6个月内进行，以后到期的为准（该授权专利称作"指定专利"）。目前指定专利当局包括中国国家知识产权局、英国专利局和欧洲专利局三家专利局。中国国家知识产权局批准的发明专利，经过申请人向香港特别行政区知识产权署专利注册处请求并且按规定办理两步手续，即可成为香港特别行政区的标准专利。英国专利局批准的发明专利和欧洲专利局批准的指定英国的发明专利在一个过渡时期内（过渡期的长短由香港特别行政区根据情况确定），也可以享有这种通过两步登记注册成为标准专利的权利。

短期专利是申请人直接向香港特别行政区知识产权署专利注册处提出而获得批准的专利。短期专利的审批程序规定：短期专利申请只要经过一次形式审查和办理一次注册手续。短期专利不同于我国现有的实用新型专利，它保护的发明主题的范围与标准专利没有区别，与我国发明专利大体相当，既可以保护产品发明，也可以保护方法发明，甚至还可以保护涉及微生物的发明。申请短期专利时，可以要求一项或多项优先权，要求优先权的最长期限为 12 个月。申请人在《巴黎公约》成员国或世界贸易组织成员提出的或为进入这些国家提出的在先专利申请，或其他保护的申请，均可作为要求短期专利优先权的基础。一项短期专利申请只允许提出一项独立权利要求，也允许提出分案申请。

标准专利授权后，自授权后的第一个（指定专利申请的申请日的）申请周年日起满 3 年应当逐年缴纳年费。短期专利授权后，不用逐年缴纳年费，只需在自申请日起满 4 年时，办理续展手续，缴纳续展费就可以将保护期延长到第 8 年。

标准专利和短期专利被批准以后，一旦发生侵权，专利权人可以向香港法院起诉，请求制止侵权和赔偿损失。公众在专利被批准后的任何时候，包括在侵权反诉中也可以提出撤销专利的请求。按照《专利条例》的规定，主要的撤销理由包括：主题不属于专利保护对象，缺乏三性，未充分公开因而不能实施，修改超出原始申请的范围，专利授予了无权获得专利的人以及一项发明授予了两项专利等。也就是说，标准专利和短期专利的侵权诉讼和专利有效性，是由香港特别行政区的有关机构和法院按照《专利条例》的规定独立予以确定的。《专利条例》还包括有职务发明、专利实施、征用、强制许可和原香港的英国注册专利的过渡条款等方面的规定。

标准专利的保护期限为，自指定专利申请的申请日起 20 年；短期专利的保护期限为，自在香港的申请日起 8 年。这两种专利的专利权均自被香港特别行政区批准之日起生效。

10.2　如何申请标准专利

由于标准专利是通过注册指定专利当局（即由香港特别行政

区政府指定的专利局）已经批准的发明专利而产生的一种专利，所以只有特定的人才能申请标准专利：

《专利条例》规定，除非发生争议，否则下列人员被视为有权请求授予标准专利。

（1）在指定的专利当局（例如中国国家知识产权局）公布的一项发明专利申请中被指明为申请人的人，或他在香港的申请权的继承人；

（2）在香港享有该项发明产权的人，如果与上款所述的人有冲突，（2）款优先于（1）款。

10.2.1 申请标准专利的第一阶段——提出指定专利申请的记录请求

申请标准专利的第一阶段是请求对指定专利申请进行记录。所谓"指定专利申请"，如前所述，就是指定专利当局（例如中国国家知识产权局、英国专利局或欧洲专利局）公布的发明专利申请。

（1）提交记录请求的时间

有权请求授予标准专利的任何人，可以在指定专利当局公布发明申请之日起 6 个月内的任何时候，提出记录请求（即申请标准专利）。

（2）语言

可采用中文或英文提交申请。专利申请表格兼备中、英文版，申请人可任择其一。

（3）记录请求包括的文件

①规定表格形式的请求书（专利表格第 P4 号），记载有指定专利申请的申请日、申请号、发明名称、公布日期、公布号、请求人（即标准专利申请人）的姓名或名称和地址以及请求人在香港的文件送达地址，请求书应当由请求人或其代理师签章；

②一份指定专利申请的副本，包括与其一起公布的说明书、权利要求书、附图和检索报告或摘要；

③若指定专利申请中未记载发明人的，应当由请求人（即标准专利申请人）提供有关发明人的说明；

④若请求人（即标准专利申请人）不是指定专利申请的申请人，请求人应当提供以合法方式获得申请权的声明以及支持该声明的证明文件；

⑤声明要求优先权的应当写明优先权申请所在国家或地区、优先权号和优先权日期；

⑥有不损害新颖性公开要求的，应当提供申请前发明公开情况的详细说明。

上述所列文件中，发明人和申请人的姓名或名称应当用罗马字母标注音译名，发明名称和摘要应当以中、英两种文字提供，其他文件以中文或英文提供。原件不是中、英两种文字的，应当提供译文。

以国际申请（PCT申请）为基础的指定专利申请还应当在请求书中写明国际申请日、国际申请号、国际申请的公布日期和公布号，并提交国际局公布的国际申请的副本和指定专利当局公布该申请的公布日期和公布号。

（4）记录请求的费用

提出记录请求的请求人（即标准专利申请人）应当在记录请求提交日起1个月内缴纳提交费380港元和公告费68港元，共计448港元。逾期未缴纳的，申请人可以在收到通知之日起1个月内补缴，但要增加滞纳附加费，超过滞纳期仍然未完成缴费手续的，标准专利申请被视为撤回。

（5）记录请求提交日的确定

当请求人（即标准专利申请人）在规定提交记录请求的期限内提交的文件中包括有下列内容时，应当确定记录请求的提交日：

①要求对指定专利申请进行记录的请求或表示；

②识别请求人（即标准专利申请人）身份的资料；

③指定专利当局给予指定专利申请的申请号和公布该申请的公布号和公布日期。

在规定提交记录请求的期限内提交的文件中缺少上述部分内容的，注册处可以给予2个月的期限予以补正。

在规定提交记录请求的期限后提交上述文件的，不得作为标准专利申请处理。

（6）记录请求的公布

记录请求经过形式审查合格后，知识产权署将以规定的方式尽快公布记录的指定专利申请的说明书、权利要求书、附图和检索报告或摘要，以及申请人和发明人的情况，同时在《香港知识产权公报》上刊登公告，并通知请求人。

至此申请标准专利的第一阶段完成，请求人提出的标准专利申请被记录在案。自标准专利的记录请求公布日起满5年指定专利申请在指定局未授权的，从第5年应当逐年缴纳申请维持费（可以有6个月的滞纳期），否则申请将被视为撤回。

10.2.2 申请标准专利的第二阶段——提出注册与批予标准专利请求

申请标准专利的第二阶段是就已经提出记录请求并在香港公布的标准专利申请，请求对对应的指定专利进行注册并对此件指定专利说明书中的发明授予标准专利。

亦即，注册与批予请求只能以一件有效的标准专利申请（即记录在案的未被撤回或视为撤回的标准专利申请）为基础，如果与其对应的指定专利申请被指定专利当局授予了专利权，申请人就可以请求对此件指定专利进行注册并对此指定专利说明书中的发明授予标准专利。

（1）提出注册与批予请求的时间

注册与批予请求应当在指定专利申请被指定专利当局授予专利权之后 6 个月内，或者在指定专利申请的记录请求公布日之后 6 个月内（以后到的日期为准）提出。

（2）注册与批予请求包括的文件

①经过指定专利当局核实的专利说明书（包括说明书、权利要求书和附图）一份；

②如果提出注册与批予请求的人不是注册簿中记录的标准专利申请人，请求人应当提供以合法方式获得申请权的声明以及支持该声明的证明文件。

上述所列文件中，发明人和申请人的姓名或名称应当用罗马字母标注音译名，发明名称和摘要应当以中、英两种文字提供，其他文件以中文或英文提供。原件不是中、英两种文字的应当提供译文。

（3）注册与批予请求的费用

请求人（即标准专利申请人）应当在提出注册与批予请求后的 1 个月内缴纳提交费 380 港元和公告费 68 港元，共计 448 港元。逾期未缴纳的，申请人可以在收到通知之日起 1 个月内补缴，但要增加滞纳附加费，超过滞纳期仍然未完成缴费手续的，标准专利申请被视为撤回。

（4）注册与批予请求提交日的确定

当请求人（即标准专利申请人）在规定提交注册与批予请求的期限内提交的文件中包括有下列内容时，应当确定注册与批予请求的提交日：

①要求对指定专利进行注册和授予标准专利的请求或表示（专利表格第 P5 号）；

②识别请求人（即标准专利申请人）身份的资料；

③指定专利当局给予指定专利的专利号和公告日期；

④注册处公布记录请求的公布号。

在规定提交注册与批予请求的期限内提交的文件中缺少上述部分内容的，注册处可以给予2个月的期限予以补正。

在规定提交注册与批予请求的期限内未提交任何上述文件的，标准专利申请被视为撤回。

（5）指定专利的注册和标准专利的授予

注册与批予请求经过形式审查合格，并缴纳了规定的提交费和公告费的，知识产权署将尽快办理下列手续：

①在注册簿上给指定专利注册；

②对指定专利说明书中的发明授予标准专利，并颁发专利证书；

③以规定的方式尽快公布专利说明书（包括说明书、权利要求书、附图和摘要），以及专利权人和发明人的姓名或名称；

④在《香港知识产权公报》上刊登授权公告，同时将专利证书送交专利权人。

10.3 如何申请短期专利

短期专利对申请人不作限制，任何人都可以单独或者联同他人直接向香港特别行政区知识产权署专利注册处提出短期专利申请。

一般的短期专利申请对提出申请的时间也不作限制，除非申请人要求优先权或要求享有不损害新颖性公开的宽限期时，申请应当在规定的相应期限内提出。但是，以国际申请为基础的短期专利申请有不同的要求，下面进行具体说明。

（1）申请短期专利应当提交的文件

①由申请人或其代理师签章的请求书（专利表格第 P6 号），

请求授予一项短期专利；

②有关发明内容的文件，包括以下。

a. 说明书，说明该项申请所涉及的发明；

b. 权利要求书，只得包含一项独立权利要求，但允许有多项从属权利要求；

c. 上述说明书和权利要求书中提到的附图。

③一份有关该发明的摘要；

④一份由指定的检索主管当局完成的有关该发明的检索报告。中国国家知识产权局是指定的检索主管当局之一。

（2）请求书中应当包括的内容

①申请人的姓名或名称及地址；

②申请人所知的所有发明人的姓名及其最新地址；

③申请人与发明人不同时，或者在有多个发明人的情况下申请人与发明人不完全相同时，应当提供申请人以合法方式获得申请权的情况说明；

④申请人在香港的文件送达地址。

（3）必要时需要提交的文件

①短期专利申请的发明所属的 IPC 分类号；

②优先权声明和在先申请副本；

③不损害新颖性公开声明和有关说明；

④微生物保藏的有关资料。

（4）申请费用

申请短期专利应当在提交请求申请文件后的 1 个月内（如果申请不是一次提交的，自最早提交的部分申请文件之日起）缴纳提交费 755 港元和公告费 68 港元，共 823 港元。逾期未缴纳的，申请人可以在收到通知之日起 1 个月内补缴，但要增加滞纳附加费，超过滞纳期仍然未完成缴费手续的，短期专利申请被视为撤回。

（5）**短期专利申请提交日的确定**

当短期专利申请人提交的文件中包括有下列内容时，应当确定短期专利申请的提交日：

①要求获得短期专利的请求或表示；

②识别短期专利申请人身份的资料；

③表面上看似是一项发明的说明书。

注册处会在确定短期专利申请提交日后对申请进行形式审查，如存在任何不足之处，注册处可以给予 2 个月的期限予以补正。

（6）**短期专利申请的押后批予**

申请人可以要求注册处押后批予其短期专利，这样可以有更充裕的时间向指定的检索主管当局索取有关该发明的检索报告。短期专利的批予最多可押后 12 个月，由提交申请日期起计算。

（7）**短期专利的授予和公布**

短期专利申请经过形式审查合格，并缴纳了规定的提交费和公告费的，知识产权署将尽快办理下列手续：

①以规定的方式公布专利说明书（包括说明书、权利要求书、附图和摘要），以及专利权人和发明人的姓名或名称；

②授予短期专利，并颁发专利证书；

③在香港知识产权公报上刊登授权公告。

10.4　基于 PCT 申请申请标准专利和短期专利

申请人在提出的国际申请中指定中国并希望其申请在香港获得专利保护的，除应向中国国家知识产权局办理有关手续外，还应当按照香港《专利条例》的有关规定办理标准专利的请求注册批予手续或短期专利的请求批予手续。

如果提出的国际申请旨在保护实用新型，申请人可在中国香港申请短期专利保护。不过，值得注意的是，不论标准或短期专利，中国香港有关新颖性和创造性的标准都是相同的。未能符合标准的短期专利，日后可能会受法院质疑。

10.4.1　基于 PCT 申请申请标准专利

（1）提交标准专利申请的时间

如果指定中国的国际申请已由国际局以中文公布，申请人应当自中国国家知识产权局发出国家申请号通知书起 6 个月内，向香港知识产权署办理记录请求手续。

如果指定中国的国际申请已由国际局以中文以外的语言公布，申请人应当自中国国家知识产权局以中文公布该国际申请之日起 6 个月内，向香港知识产权署办理记录请求手续。

（2）申请标准专利应当提交的文件

除在本章以上有关部分所述的文件和资料外，申请人应当同时提交下列文件：

①由国际局公布的国际申请副本；

②由中国国家知识产权局公布的国际申请的任何译本（如有）副本；

③由中国国家知识产权局公布的关于国际申请的任何资料副本；

④如国际申请已由国际局以中文公布，则应当提交国家申请号通知书副本。

10.4.2　基于 PCT 国际申请短期标准专利

（1）提交短期专利申请的时间

申请人应当在国际申请进入中国国家阶段之日起 6 个月内，或自中国国家知识产权局国家申请号通知书发文日起 6 个月内，向香港知识产权署办理短期专利的批予请求手续。

（2）申请短期专利应当提交的文件

除在本章以上有关部分所述的文件和资料外，申请人应当同时提交下列文件：

①由国际局公布的国际申请副本；

②国际检索报告副本；

③国际申请在中国进入国家阶段的日期；

④由中国国家知识产权局公布的国际申请的译本（如有）副本；

⑤由中国国家知识产权局公布关于国际申请的任何资料副本；

⑥如短期专利申请是在中国国家知识产权局发出国家申请号通知书后6个月内提出，则应当提交国家申请号通知书副本和发出该通知书的日期。